小心！身边的生物杀手

瀚鼎文化工作室◎编著

航空工业出版社

北　京

内容提要

朋友们，你知道我们日常食用的豆角、土豆也是有毒的么？当我们看到美丽的花朵、有趣的昆虫和可爱的动物，难免会想与它们亲密接触，可它们真的都像外表一样柔弱无害么？除了看得见摸得着的，那些无迹可寻的寄生虫又会带给我们哪些影响？本书以图文并茂的形式，详细解析生活中可能遇到的有毒动植物，揭开这些生物杀手的真面目。推荐广大青少年及自然爱好者阅读。

图书在版编目（CIP）数据

百科图解小心！身边的生物杀手 / 瀚鼎文化工作室编著. — 北京：航空工业出版社，2016.8（2021.7重印）
ISBN 978-7-5165-1058-2

Ⅰ. ①百… Ⅱ. ①瀚… Ⅲ. ①昆虫-图解 Ⅳ. ①Q96-64

中国版本图书馆 CIP 数据核字（2016）第 184662 号

百科图解小心！身边的生物杀手
Baike Tujie Xiaoxin! Shenbian de Shengwu Shashou

航空工业出版社出版发行
（北京市朝阳区京顺路5号曙光大厦C座四层　100028）
发行部电话：010-85672663　010-85672683

三河市双升印务有限公司印刷　全国各地新华书店经售
2016 年 8 月第 1 版　2021 年 7 月第 2 次印刷
开本：710×1000　1/16　字数：204 千字
印张：11　定价：34.80 元

前 言

童年时，贪玩的大家总爱干一些刺激有趣的事情，例如：捉毛虫、摘野菜、捅马蜂窝等。俗话说：“初生牛犊不怕虎”也许正是由于当时的年幼无知才敢如此胆大妄为。如果知道了很多表面安全的东西却隐藏着致命的危险，是不是就会小心行事了呢？

不要以为这是危言耸听，这些可怕的“生物杀手”也许就在你的身边。可爱的宠物招人喜欢，但也会携带致命的病毒；丛林中鲜花芬芳四溢，但也会释放出害人的毒气，许多看似安全无害的动植物其实正是危险可怕的“生物杀手”。

本书精心收集了许多在生活中可能会对人类有害的动植物，并以图文并茂的形式一一展现出来。让读者清楚地了解这些生物杀手的“外貌”“作案工具”“作案手段”以及“被害”后的症状与应对措施。相信读者朋友们在阅读的过程中不仅能够增长相应的科普知识，同时也可以学会如何保护自己，尽量避免遭受意外伤害。

如果想了解更多生物杀手的庐山真面目，不妨从本书中去寻找答案，也许结果会让你大吃一惊！

目 录

第一章◎ 暗藏杀机的植物

001 春季爆发的毒物——蘑菇 2

002 容易中毒的蔬菜——四季豆 4

003 危机四伏的美景——夹竹桃 6

专题 1：桃树与夹竹桃有什么区别 8

004 含有致癌物质的野菜——蕨菜 10

005 具有毒素的茎块——马铃薯 12

专题 2：马铃薯对人类有哪些影响 14

006 影视作品中的“常客”——曼陀罗 16

007 令人发狂的毒品——大麻 18

008 制作毒品的原材料——罂粟 20

专题 3：珍惜生命，远离毒品 22

009 令人肝肠寸断的草木——钩吻 24

010 让人腹泻不止的种子——巴豆 26

专题 4：巴豆居然可以用于止泻 28

011 潜藏危险的藤蔓果实——紫藤 30

012 不能触碰的公园景观——绣球花 32

013 绵里藏针的“弱女子”——毛地黄 34

专题 5：如何正确地服药 36

014 麻痹心脏的毒草——羊角拗 38

015 具有危险性质的药材——铃兰 40

016 令人毛发脱落的盆栽——含羞草 42

专题 6：为什么含羞草的叶子可以活动 44

017 让人“吓破胆”的名字——见血封喉树 46

018 含有毒素的“伪装者”——水仙 48

019 夜间排放有害废气——夜香木 50

专题 7：种植植物的常见方式有哪几种 52

目 录

第二章◎ 深藏不露的动物

020 超级繁殖大户——苍蝇 54
021 身披美丽外衣的毒物——毛虫 56
022 讨厌的吸血鬼——蚊子 58
专题 8：蚊子通过什么方式寻找下手目标 60
023 分泌具有腐蚀性的液体——蚂蚁 62
024 战斗力极强的团伙——黄蜂 64
025 带有恶臭的“抽血泵”——臭虫 66
专题 9：动物散发的气味有什么作用 68

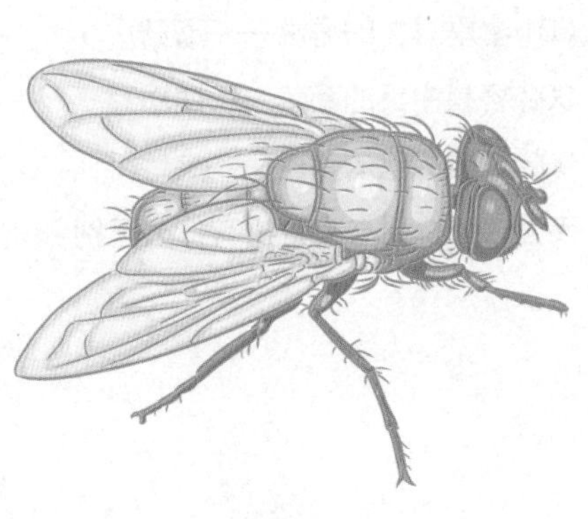

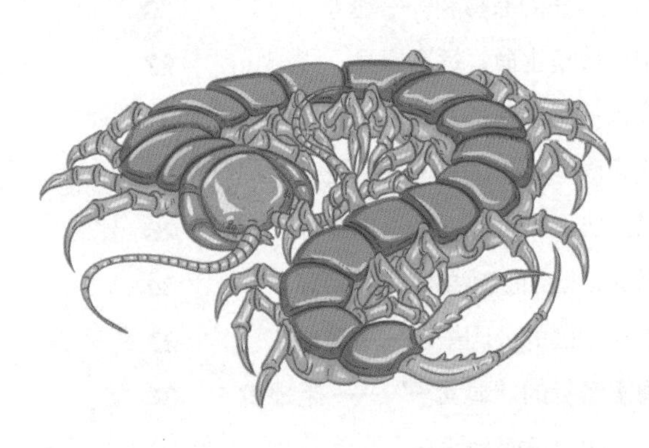

026 分泌致命毒药的甲虫——斑蝥 70
027 骑在头顶撒野的小虫——虱子 72
028 贪得无厌的吸血者——蜱虫 74
029 藏身于地毯中的刺客——跳蚤 76
专题 10：跳蚤叮咬会传染艾滋病吗 78
030 喜欢栖于暗处的毒虫——蜈蚣 80
031 尾巴顶着杀人利器——蝎子 82
032 外号“黑寡妇”——红斑寇蛛 84
专题 11：蜘蛛都是通过结网捕食的吗 86
033 蜥蜴中的巨无霸——科莫多巨蜥 88
034 篮筐中起舞的毒物——眼睛蛇 90
专题 12：眼镜蛇真的听得懂音乐吗? 92
035 披着有毒外衣的“丑八怪”——蟾蜍 94
036 毒素“聚宝盆”——箭毒蛙 96
037 悄无声息地下毒——壁虎 98
专题 13：动物们具有哪些独特的防御行为 100

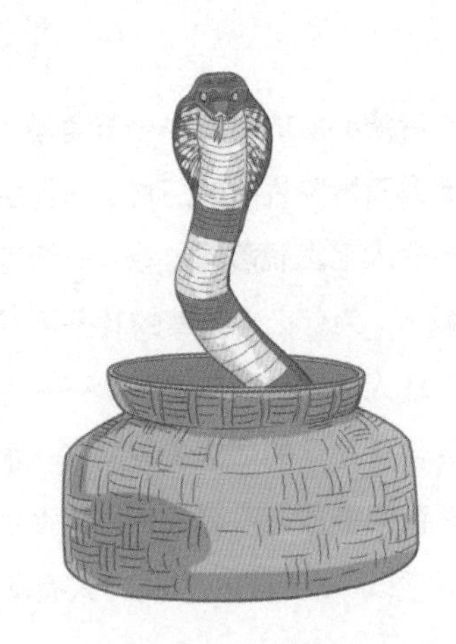

目 录

038 水中的致命幽灵——水母 102
039 潜伏在水中的恶魔——水蛭 104
040 垂钓者的噩梦——蓝圈章鱼 106
专题 14：动物体表的颜色有什么作用 108
041 具有穿透力极强的毒刺——日本鬼鲉 110
042 能捕食小鱼的螺类——芋螺 112
043 水中的高压线——电鳗 114
专题 15：动物们有哪些奇特的捕食本领 116

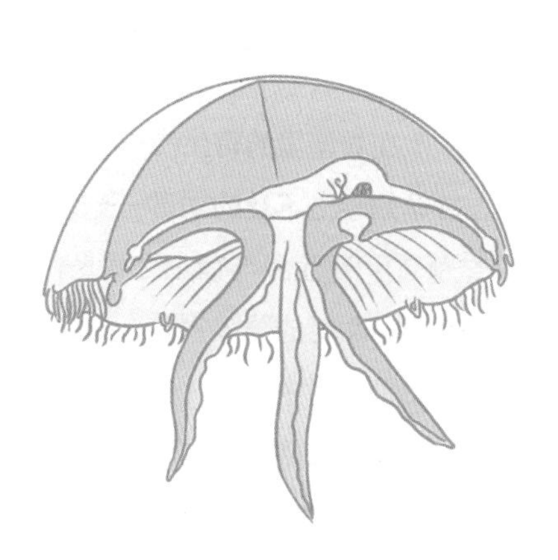

044 美味与剧毒并存的食材——河鲀 118
045 善于伪装的用毒高手——海兔 120
046 难以挣脱的“巨兽”——鲨鱼 122
专题 16：鲨鱼真的有那么可怕吗 124
047 会吸血的“飞鸟”——蝙蝠 126
048 人人喊打的小偷——老鼠 128
专题 17：黑死病对人类社会造成了什么影响 130

049 唾液中带有病菌——狗 132
专题 18：狗对人类社会有什么的贡献 134
050 力量非凡的“拳击手”——袋鼠 136
专题 19：世界各国的代表性动物是什么 138

目 录

第三章◎ 防不胜防的寄生虫

051 藏在粪便里的寄生虫——蛔虫 140
052 孕妇避之不及的祸害——弓形虫 142
专题 20：寄生虫与宿主之间是什么关系 144
053 毁坏面容的罪魁祸首——螨虫 146
054 日常食材中的害人精——猪肉绦虫 148
055 危害淋巴组织的坏蛋——丝虫 150
专题 21：寄生虫有哪些生存手段 152

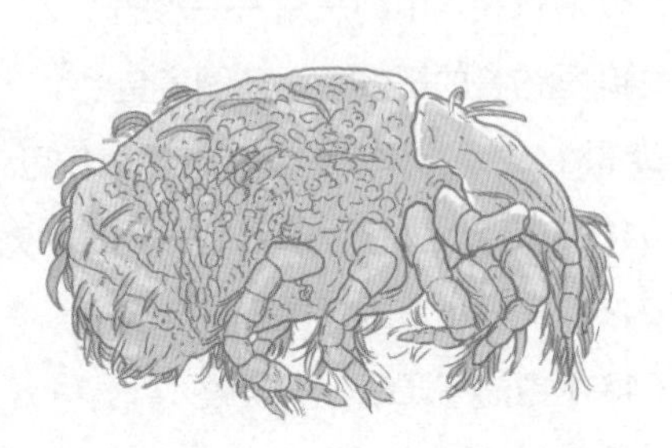

056 让人产生灼烧般的疼痛——麦地那龙线虫 154
057 在血液中作祟的家伙——日本血吸虫 156
058 令人昏睡不醒的祸害——锥虫 160
专题 22：中间宿主与终宿主有什么区别 162
059 潜伏在胃里的钻孔机——异尖线虫 164
060 令人难以启齿的痛楚——蛲虫 166

第一章
暗藏杀机的植物

001 春季爆发的毒物——蘑菇

小档案

中文学名：	蘑菇	**分布区域：**	世界各地，尤其热带、潮湿地区为多
外形特征：	绝大多数子实体的外形跟雨伞相似	**体型大小：**	较大种类的菌盖直径可达 40 厘米以上，小的不到 1 厘米
器官分工：	菌丝体（营养器官）、子实体（繁殖器官）	**可食种类：**	双孢蘑菇、香菇、金针菇、平菇、茶树菇等
		常见颜色：	棕、白、黄、黑、灰、红等

每年春季是蘑菇生长最为迅猛的季节，微风细雨过后，山间到处都是冒出头的蘑菇。由于蘑菇的味道非常鲜美，而且营养丰富具有很好的滋补功效，不少人都会在春节上山采摘，以求尝到最鲜嫩的美味。有些种类的产量很少且口感绝佳因而价格不菲，甚至能卖到几十元上百元一斤（1 斤 =500 克），这令人们对采摘蘑菇的热情更加高涨。某些具有养生疗效的种类，价格更是惊人，一株野生灵芝在市面上足以卖到数千元。

但是人们被美味吸引的时候，往往忘记了一件事：并不是每一种蘑菇都是无毒的。而且部分有毒蘑菇跟无毒蘑菇在外形上非常相似，即便从市面上购买到的也有可能是误采的有毒蘑菇。因此，春季也成为蘑菇中毒的高发季节。

不同种类的有毒的蘑菇，危害的程度不同，造成食用后出现的症状也不一样。常见的有：恶心、呕吐、腹泻、头晕等不良反应。而毒素能伤害神经的蘑菇，会令人产生幻觉或造成精神错乱，有的还会损伤呼吸系统，造成人体呼吸困难，内部循环难以为继。所以，千万不要随意进食野外采摘的蘑菇，避免食物中毒。

目前已知对人体有害的蘑菇种类有：鳞柄白毒鹅膏菌、苞脚鹅膏菌、拟稀褶红菇、斑纹毒伞、毒蝇伞、橘黄裸伞、褐黑口蘑……

穿肠而过的旅行者——金针菇

金针菇美味营养，但其中含有很大一部分被称为“真菌多糖”的粗纤维，非常难以消化。这是一种很稳定的物质，一般弱酸弱碱无法将其分解，人类的胃液也是如此。所以，吃进肚子的金针菇，通常会伴随排泄物“全身而退”。

春季为何成为了蘑菇中毒的高发季节

蘑菇在春季生长迅速

蘑菇营养丰富且口味鲜美

人类采摘野生蘑菇

难以分辨有毒品种，导致中毒

不同种类的蘑菇

002 容易中毒的蔬菜——四季豆

小档案

中文学名：菜豆（别称：四季豆）
分布区域：欧洲、亚洲、南美洲
适宜温度：20~30 ℃
外形特征：果实呈长条形，表面光滑无毛，末端较尖
生长习性：根系发达，耐旱不耐涝
适宜土质：松软有厚度，酸碱值适中
营养成分：热量、蛋白质、碳水化合物、钙、膳食纤维等

四季豆是菜市场常见的一种蔬菜，几乎一年四季都有供应。无论是干煸还是凉拌，口味都比较不错。但四季豆是一种具有微毒的植物，若是处理不当，很容易造成食物中毒。

四季豆中含有皂苷和血球凝集素两种不利于人体健康的物质。前者对胃肠道黏膜有强烈的刺激性，后者则能够凝聚和溶解血液中的红细胞。在经过长时间的高温烹煮之后这两种物质就会遭到破坏，因此，人们在烹制四季豆的时候，只要将其彻底煮熟就可以避免食物中毒。

为了保证四季豆熟透，可以将其放入开水中焯 10 分钟左右，之后沥干水，再放入油锅中爆炒，或在烧菜的过程中加一些水，盖上锅盖焖一段时间。另一方面，在炒菜之前，应该将四季豆的两头摘去，因为这两处皂苷和血球凝集素的含量比其他部位更高。而且在选购四季豆的时候，应该尽量挑选鲜嫩一些的，老硬的四季豆较难煮熟而且口感不好。

进食未熟的四季豆中毒后，通常会在 10 分钟至十几小时内出现中毒反应。主要表现为：恶心、呕吐、腹痛、腹泻等肠胃不适症状，同时伴随有头痛、头晕、出冷汗等神经系统问题。

一般情况下，集体饭堂和餐饮单位不会购买、烹制四季豆。如果在学校或企业食堂有四季豆菜品（大锅菜）供应，尽量不要食用，毕竟数量太多更难煮熟。

此外，木薯、蚕豆、黄花菜等食物，若是不煮熟就进食，同样可能引起食物中毒。

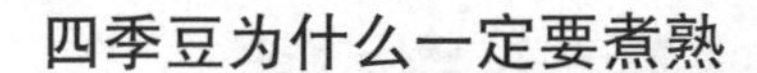

四季豆为什么一定要煮熟

四季豆中含有
两种对人体健
康不利的物质

皂苷

血球凝集素

持续高温烹煮
可将其破坏

刺激人体胃肠
道黏膜

凝聚和溶解血
液中的红细胞

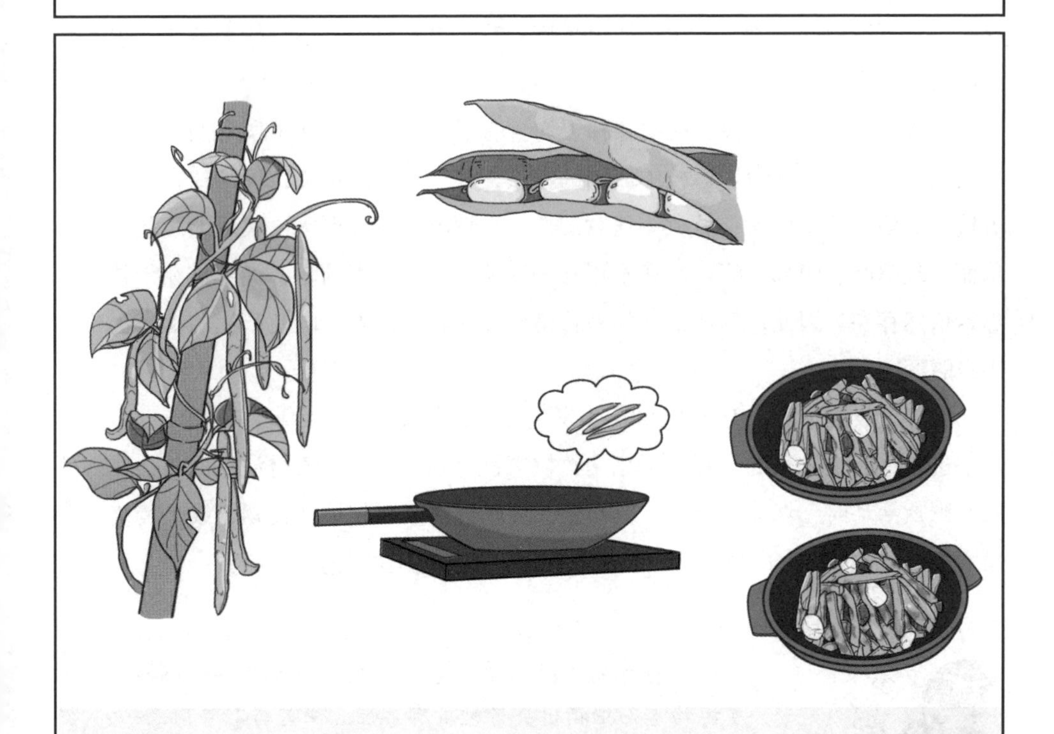

为了使四季豆熟透，可将其放入开水中焯 10 分钟左右沥干水，再放入油锅中爆炒

003 危机四伏的美景——夹竹桃

小档案

中文学名： 夹竹桃

身份信息： 植物界 被子植物门 双子叶植物纲 龙胆目

生长高度： 2~6 米

外形特征： 叶子成对或三片为一组，呈深绿色，花朵为五瓣

植物特性： 能够抵御干旱、适应寒冷天气

开花时段： 4~9 月

夹竹桃因茎部像竹子，花朵似桃花而得名。其适应能力非常强，花朵可以散发芳香的气味，因而被当作观赏植物得到广泛种植。经常能在公园、风景区、河边以及道路两旁的绿化带发现它们美丽的身影。

虽然人类社会目前处于相对比较文明的阶段，但总是有一小部分人存在一些不文明现象，比如：为了自己拍照更美，而随手折断公园树木的花枝戴在头上。首先，这是一种不道德的行为，其次，如果采摘的花卉是夹竹桃，还可能会造成意想不到的后果。

夹竹桃的叶、花、根、树皮和种子均含有毒素，仅一片叶子所含的毒素，就能危及到一个婴孩的性命。树枝中流淌的汁液，其毒素浓度最高，仅涂抹在皮肤上就可造成麻痹。若是误食夹竹桃（任意部位），情况将更加严重，很可能引起中毒，从而出现呕吐、腹部绞痛、心率不正常等现象。更为特别的是，夹竹桃在干枯后，毒素依然存在。因此，焚烧干枯的夹竹桃也存在较大危险，由此产生的烟雾也具有很强的毒性。

据有关数据表明，美国于 2002 年发生过数百起夹竹桃中毒事件。而印度出现过多宗进食夹竹桃自杀的个案，可见夹竹桃毒性之强。另一点值得注意的是，在郊外展开野炊活动时，切莫因烹饪工具不全，而随意折断树枝搅拌食物，或是焚烧不明植物生火。一旦将有毒植物的汁液掺入食物中，后果不堪设想。

罗马时期的博物学者老普林尼在公元 77 年所著的《博物志》中指出夹竹桃虽有毒性，但若与芸香用酒一同使用，可以治疗被蛇咬伤的伤口。

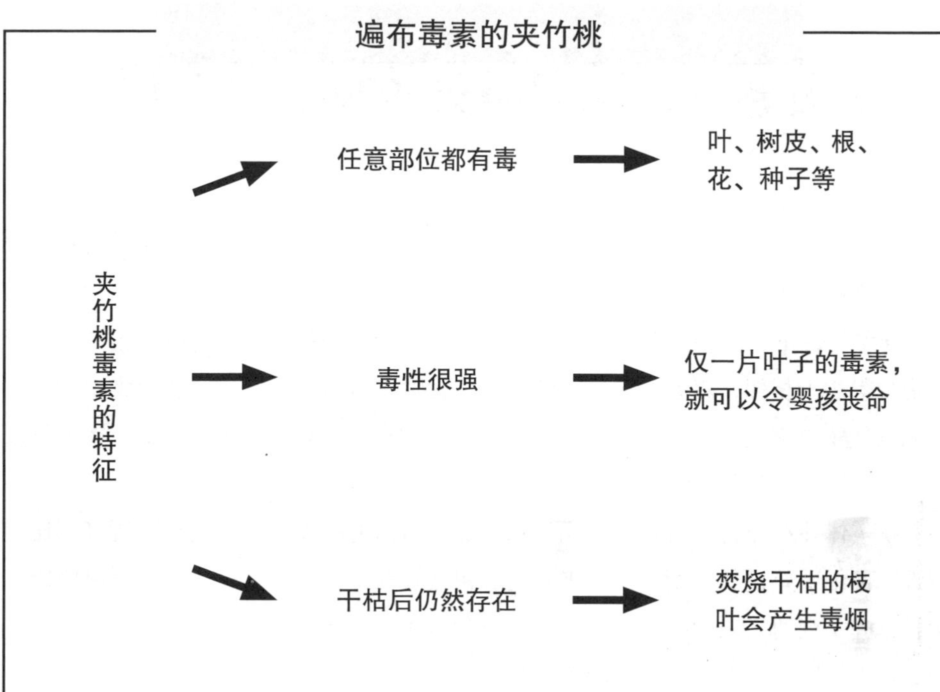

夹竹桃的整体外观与枝叶细节

专题 1：桃树与夹竹桃有什么区别

大自然造物是非常神奇的，许多不同的物种之间也会存在外形相仿的现象。像市面上售卖的香蕉和芭蕉这两种水果，就经常让人分不清楚。

通常情况下，这些细节并不会对人类的生活造成困扰。但一些有毒植物与无毒植物长得过于相似，就容易造成混淆。不少食物中毒事件就是因为将有毒植物误认为无毒植物引起的。因此，正确地分辨植物的种类，也是非常有必要的。本节就以桃树和夹竹桃为例简单地分析一下：

就整体外形而言，两者还是比较相似的，植株的高度和枝叶的繁茂程度都比较接近，但细看差别就很明显了。夹竹桃的树枝较为笔直光滑，跟竹子一样呈阶段性生长，叶子则两至三片为一组分布在节点的位置上。而桃树的枝干弯折多变，分支较细且表皮粗糙，树叶分布更为随意。

通过对叶子展开观察，也能发现两者之间的差异。虽然两种植物的叶子长度和宽度都差不多，但柔软程度却相差甚远。桃树的树叶更薄更柔软，两边叶面稍微向上翘起，叶尖呈下垂状态；夹竹桃的树叶厚实竖直，叶面平整，叶尖朝上生长。此外，桃树叶的叶面与叶背的颜色几乎相同，而夹竹桃的叶面为深绿色，叶背则为浅绿色。

还可以从绽放的花朵进行区分。桃花盛开于枝桠各处，花蕊纤细且数量较多。夹竹桃的花朵集中在树枝的顶端，花蕊的数量相对较少，形状扁平，前段有不规则分叉。

因此，只要人们在现实生活中，观察细心一些，就能够降低夹竹桃中毒的几率。

长得相似的水果

榴莲、菠萝蜜

相同点：果肉均为黄色　区别：前者表皮有尖刺，后者没有。

香蕉、芭蕉

相同点：表皮为黄色，肉质软糯。　区别：前者表皮有 5~6 条棱，后者为 3 条棱。

如何区分桃树与夹竹桃

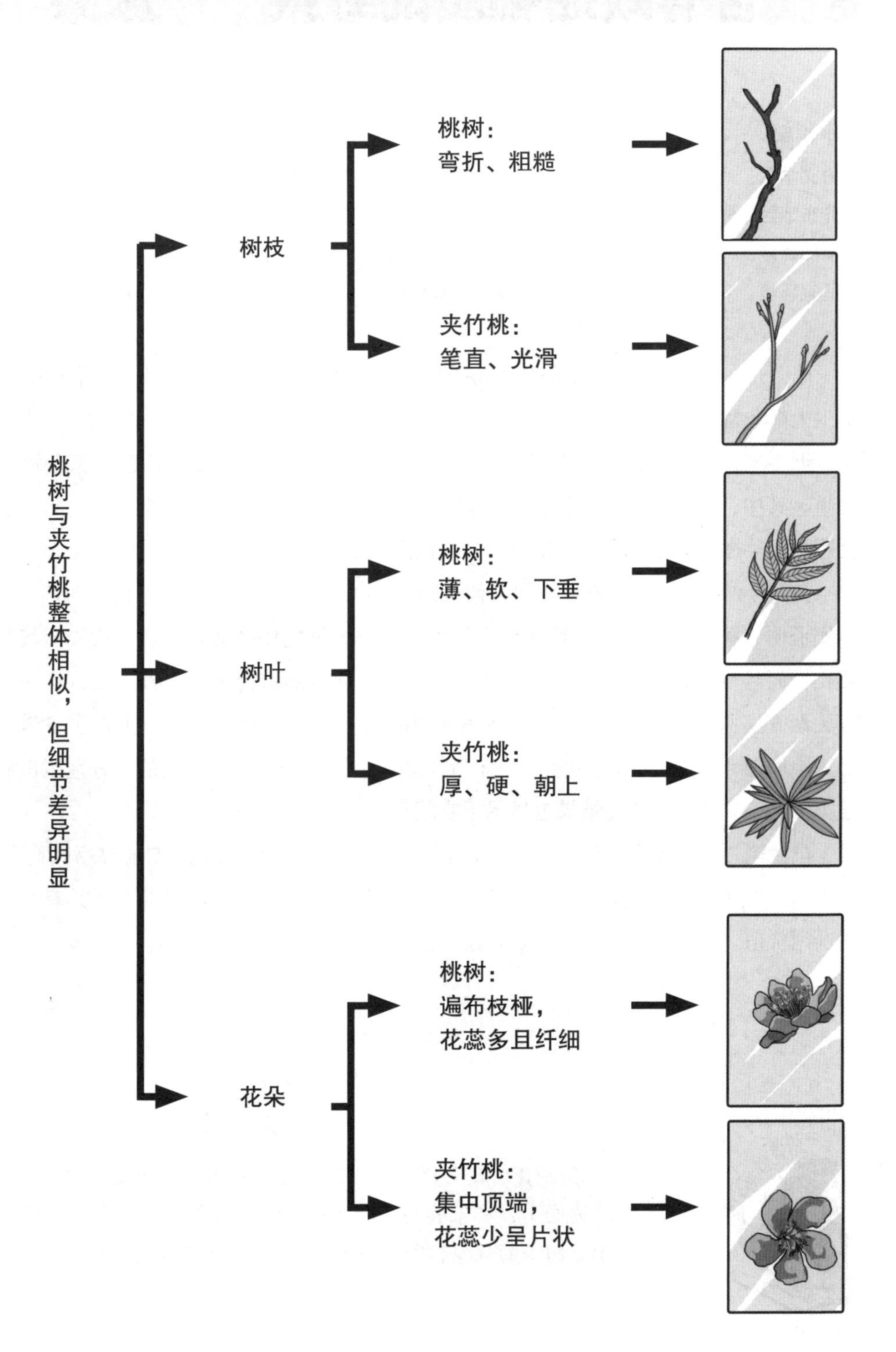
桃树与夹竹桃整体相似，但细节差异明显
树枝
桃树：
弯折、粗糙
夹竹桃：
笔直、光滑
树叶
桃树：
薄、软、下垂
夹竹桃：
厚、硬、朝上
花朵
桃树：
遍布枝桠，
花蕊多且纤细
夹竹桃：
集中顶端，
花蕊少呈片状

004 含有致癌物质的野菜——蕨菜

小档案

中文学名： 蕨菜

分布地区： 中国以及东南亚地区

植株高度： 一般为 1 米左右

适宜环境： 土质湿润肥厚、有阳光照射

外形特征： 叶片呈三角形，叶柄较长，细嫩时长有绒毛

食用部分： 未展开的幼嫩叶芽

常见做法： 凉拌蕨菜、蕨菜肉丝、蕨菜烧带鱼等

蕨菜是一种季节性野菜，每年的春夏之际生长迅速。蕨菜的口感美味，营养丰富，不少人都非常喜爱。

近年来，各种媒体上发布了一些不利于蕨菜的言论，令其备受冷落，甚至滞销严重。其中，最令人感到恐惧的就是蕨菜中含有一种致癌物质——原蕨苷。而人们食用的蕨菜嫩芽，是其中致癌物质的含量最高的部分。

在当今的信息时代，网络资讯真假难辨，那些蕨菜致癌的消息会不会是谣言呢？事实证明，蕨菜中的原蕨苷确有致癌作用。牛羊大量生食蕨菜后，会导致失明甚至死亡。而且母牛在哺乳的过程中，还可以将毒素通过奶水传递给牛犊。在日本一项有关调查实验中发现，吃蕨菜会明显增加患食道癌的可能性。其中，男性患食道癌的风险增加 2.1 倍，而女性更高，为正常人的 4.7 倍。1990 年，英国的部分地区也做过类似的调查实验，研究结果也显示了吃蕨菜会增加患癌的风险。

虽然说“蕨菜致癌”有明确的科学证据，但“致癌”的意思是“增加致癌风险”，而不是“吃了就会得癌症”。而且，蕨菜含有多种氨基酸和微量元素，还具有很高的药用价值。因此，对于日常生活来说，偶尔吃些蕨菜尝尝鲜也无妨。

我国食用蕨菜的历史非常悠久，在《诗经》中就有记载：“陟彼南山，言采其蕨。”还有伯夷、叔齐不食周粟，采蕨薇于首阳山的故事，所以后世以采蕨薇作为清高隐逸的象征。

蕨菜中含有致癌物质原蕨苷

减少食用频率

投入水中煮沸之后爆炒

如何更加安全地享用蕨菜?

控制食用数量

去除顶端嫩芽

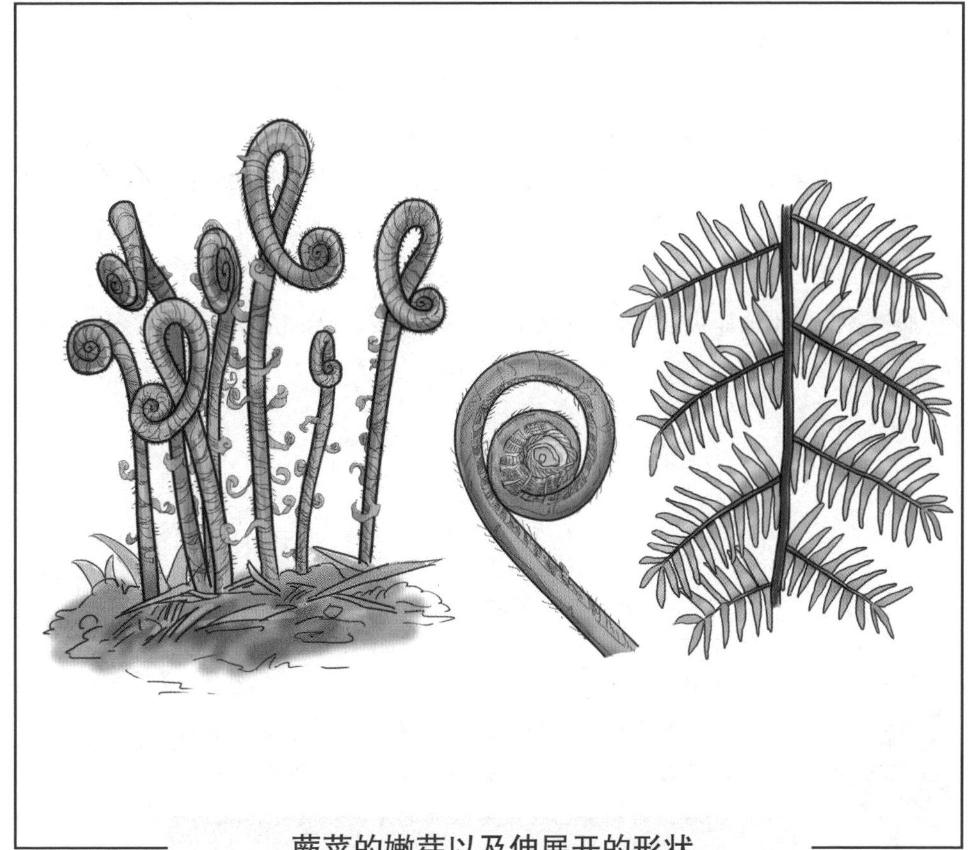

蕨菜的嫩芽以及伸展开的形状

005 具有毒素的茎块——马铃薯

小档案

中文学名：马铃薯（别称：土豆、洋芋）

名称由来：外形像古代使用的马铃

身份信息：植物界 被子植物门 双子叶植物纲 茄目

原产地区：秘鲁

外形特征：整体呈圆球状，颜色多为棕色或紫褐色

适宜温度：茎块 16~18℃，茎叶 15~25℃

主产国家：中国、俄罗斯、美国、乌克兰、波兰等

中国是目前世界上马铃薯产量最高的国家，据 2010 年的统计数据显示，中国马铃薯的产量高达 7000 多万吨，超过了全球总产量的五分之一。

对于中国而言，马铃薯属于舶来品，至于究竟是从何时何地传入中国，直到现在还没有定论。有部分学者推测马铃薯大约于 16 世纪明朝万历年间传入中国，有些则认为时间会更晚一些。如今马铃薯已经遍布全中国，可它们却是有毒的物种！而人们平时喜爱的薯片、薯条以及土豆泥都是用马铃薯为原材料制作得来。幸运的是，在通常情况下，马铃薯的毒素含量对于人体并不会造成危害，而且在 170℃的高温下就会分解。但若是马铃薯发芽了，情况就会截然不同。其长出的幼芽和周围部位的毒素含量，将超出平常值的几十甚至上百倍。人类不慎进食后，很容易造成食物中毒。一般在食用后的 2~4 小时内开始发病，主要表现为：咽喉部产生刺痒或灼烧感，呕吐、腹泻等肠胃不适症状。此外，马铃薯不宜长时间被阳光照射，容易引起表皮变绿，导致毒素增多。

马铃薯原产于南美洲安第斯山区，在距今大约 7000 年前，一支印第安部落由东部迁徙到高寒的安第斯山脉，在的的喀喀湖区附近安营扎寨，以狩猎和采集为生，是他们最早发现并食用了野生的马铃薯。16 世纪中期，马铃薯被西班牙人从南美洲带到欧洲，1586 年又传入英国。17 世纪后，马铃薯已经成为欧洲的主要粮食并传入到中国。

马铃薯真的有毒吗

马铃薯含有毒素，但通常不会造成危害，除非……

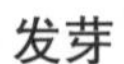

发芽

表皮变绿

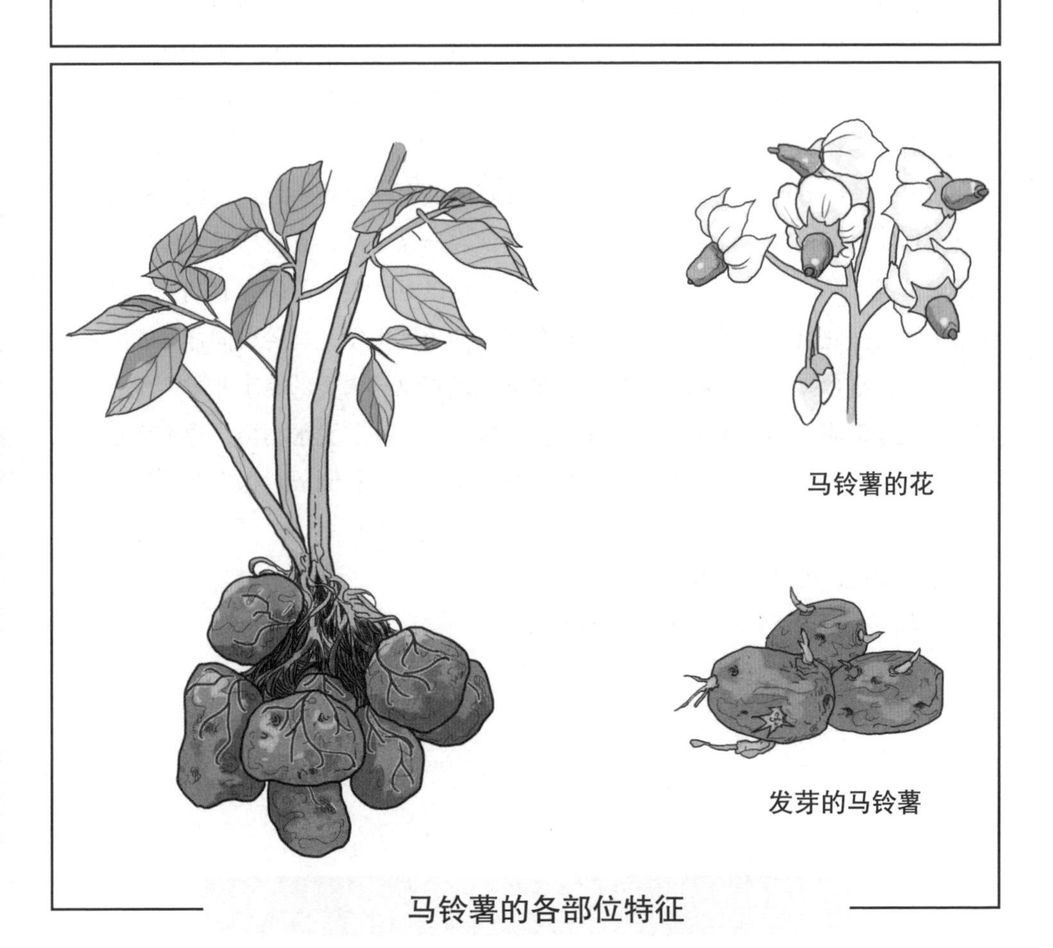

马铃薯的花

发芽的马铃薯

马铃薯的各部位特征

专题 2：马铃薯对人类有哪些影响

目前，世界范围内的马铃薯种植面积将近 20 万平方千米，是继小麦、稻谷、玉米之后的第四大粮食作物。

马铃薯的适应能力很强，可以在较为恶劣的环境中生存。无论是贫瘠的安第斯高原，还是非洲和亚洲的低地，它们都能顽强地活下来。另一方面，马铃薯的生长周期较短，100 天左右就可以获得很高的产量，而且能够跟水稻、玉米、大豆进行交替耕作，极大程度地提高了土地使用率。

在许多发展中国家，不少贫困的农民都将马铃薯作为食物和营养的主要来源。因为马铃薯能够生产大量的膳食热能，相对于其他作物，它的产量也更为稳定。一旦其他作物歉收，还可以借此减轻部分压力。此外，种植马铃薯还有一个明显优势，就是利用率极高。其可以供人类食用的部分占据了整体的 85%，而谷类作物仅有 50% 左右。

如今，马铃薯已经成为了全世界大力推荐的粮食安全作物之一。由于马铃薯不属于全球交易的商品，即不在国际谷物和其他农产品之列，其价格通常取决于当地的供求情况。所以，一旦国际粮价上涨，它们可以对低收入的国家起到一定的保护作用，规避由此带来的危险。从人体营养需求的角度出发，马铃薯同样是相当不错的选择。其富含碳水化合物和维生素，氨基酸模式也与人类的需求非常匹配，十分有益于人体健康。马铃薯的食物用途广泛，鲜食、冷冻、脱水均可，像市面上销售的土豆泥、土豆粉、薯片、薯条等都是以马铃薯为原材料制成。据有关数据显示，每年全世界对工厂生产的炸薯条需求巨大，超过上千万吨。

综上所述，可见马铃薯的潜力非常惊人。或许在不久的将来，马铃薯会进一步深入人类的生活，带来更加重大的影响。

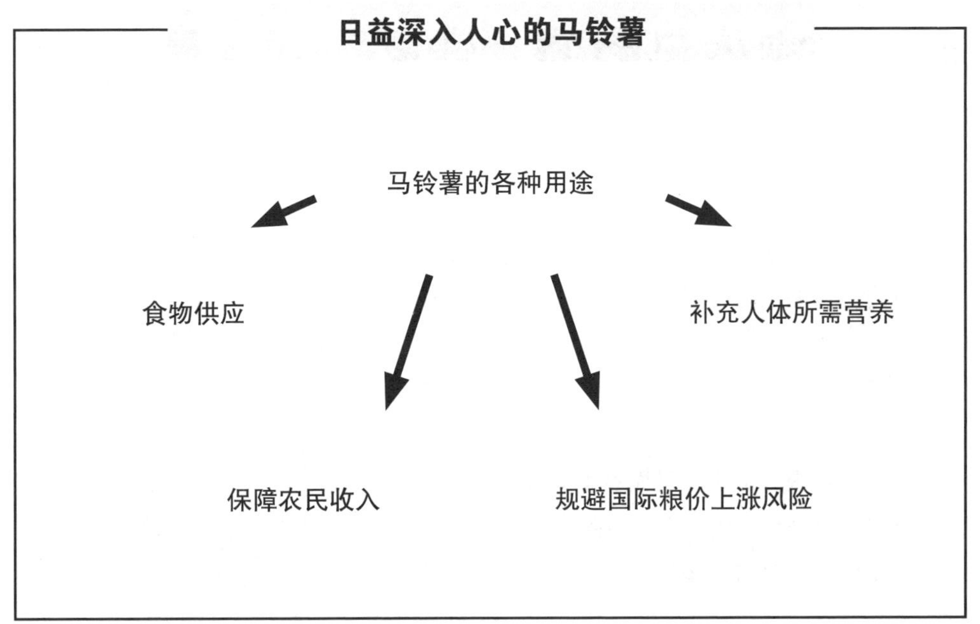
日益深入人心的马铃薯
马铃薯的各种用途
食物供应
补充人体所需营养
保障农民收入
规避国际粮价上涨风险

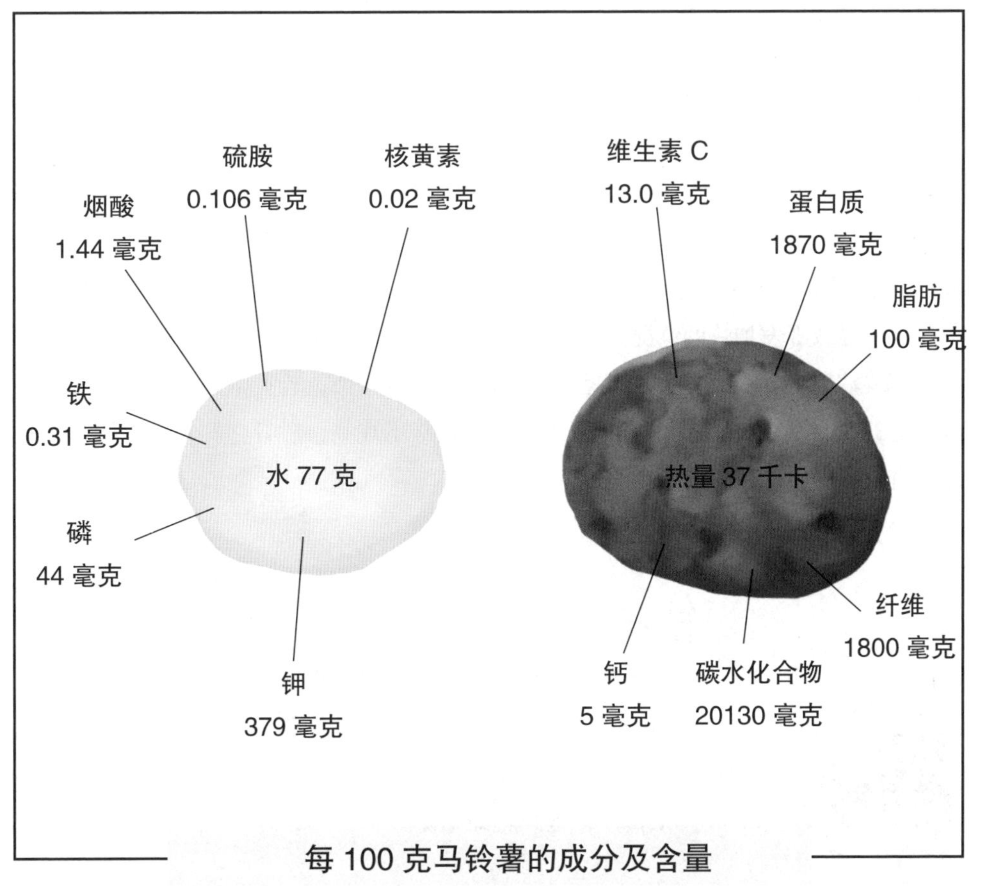
硫胺
0.106 毫克
核黄素
0.02 毫克
维生素 C
13.0 毫克
烟酸
1.44 毫克
蛋白质
1870 毫克
脂肪
100 毫克
铁
0.31 毫克
水 77 克
热量 37 千卡
磷
44 毫克
纤维
1800 毫克
钾
379 毫克
钙
5 毫克
碳水化合物
20130 毫克
每 100 克马铃薯的成分及含量

006 影视作品中的“常客”——曼陀罗

小档案

中文学名：曼陀罗

身份信息：植物界 被子植物门 双子叶植物纲 茄目

植株高度：50~200 厘米

外形特征：叶子分叉较多，果实坚硬布满细刺

开花时段：只要温度适宜，全年皆可开花

生长习性：喜欢温暖、湿润、向阳的环境

花朵形状：花冠呈漏斗形，长 7~10 厘米

在许多影视作品中，曼陀罗都以剧毒的身份“闪亮登场”。某些角色在误食之后片刻就毒发身亡，或是作为一种慢性毒药，长期服食会让人在不知不觉中丧命。

曼陀罗有毒是毋庸置疑的，但其毒性与中毒症状，是否与影视作品中展现的一样还有待商榷。通常情况下，天然的毒素并不能够让人瞬间死亡，即使是号称“五步蛇”的尖吻蝮，其毒性也不可能真的在五步之内就夺人性命。由于影视作品需要制造震撼的视觉效果，因此会夸大某些细节，从而与真实情况有一定出入。

事实上，曼陀罗并不能快速致命。中毒症状会呈逐步加深的趋势，最初出现口干舌燥、心跳和呼吸加快、头晕等轻微症状，之后才引发幻听、幻觉、意识模糊等严重的问题。等到毒素进一步蔓延，中毒者就可能发生昏迷甚至因呼吸衰竭而死。而这整个过程一般会长达 10 小时以上，但不排除因食用的剂量过多或个人体质较弱等原因，导致毒发加快的情况。

需要注意的是，曼陀罗花与普通的牵牛花非常相似，若在野外活动，应小心将其区分开来。前者花瓣呈折叠的褶皱状，且边缘不规则，后者盛开几乎呈圆形，花瓣上有几条颜色较深的纹路。

曼陀罗在佛教中有十分特殊的地位。传说，在西方极乐世界的佛国，空中时常发出天乐，地上都是黄金装饰的。而且，无论是白天或是夜晚，都会有花瓣不断从天上落下，这种花就是曼陀罗。

曼陀罗中毒后会立刻死亡吗

曼陀罗的中毒症状会逐步加深

口干舌燥、心跳呼吸加快、头晕

幻听、幻觉、意识模糊

昏迷、呼吸衰竭

整个过程长达10小时以上

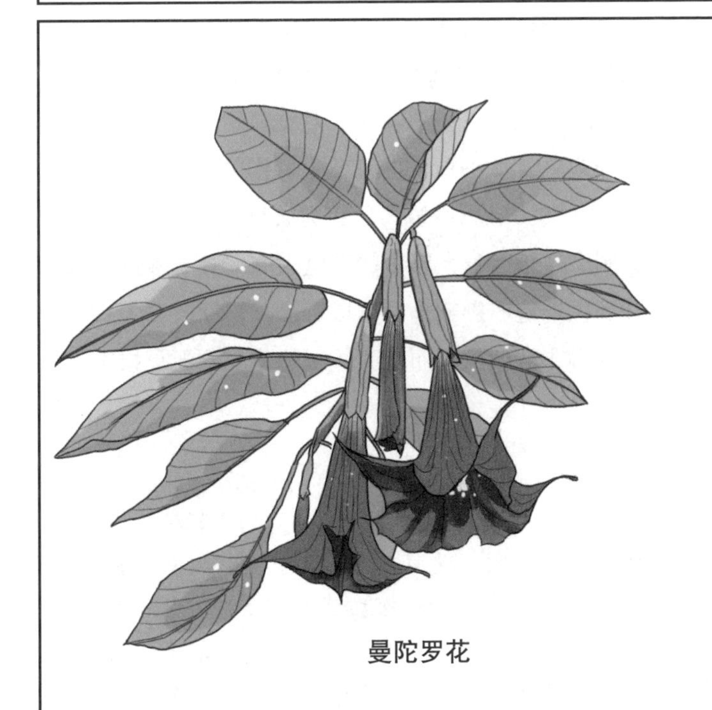

曼陀罗花

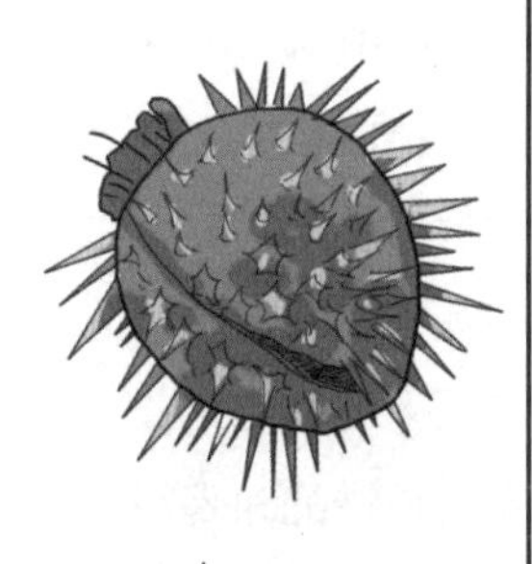

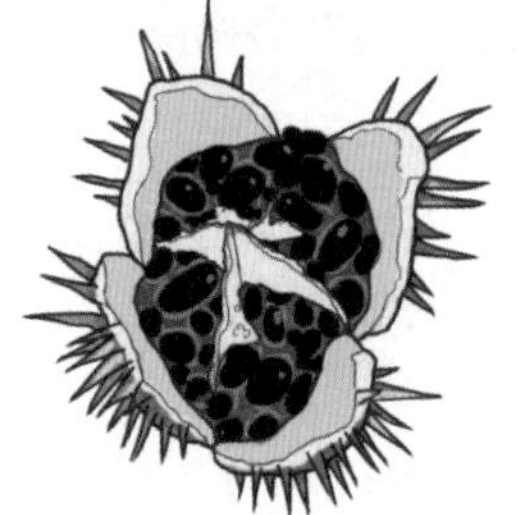

曼陀罗果实

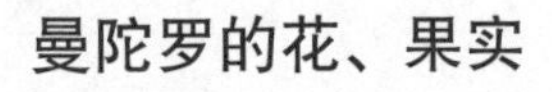

曼陀罗的花、果实

007 令人发狂的毒品——大麻

小档案

中文学名： 大麻

生长地区： 亚洲和欧洲的部分国家

叶子形状： 叶面裂开成数份，边缘有锯齿，叶柄有绒毛

植株特性： 耐贫瘠、适应性强、光合作用率高

开花时段： 5~6 月

植株高度： 1~3 米

主要用途： 制作药物或作为纺织纤维的原料等

在人类社会，大麻一直是一种具有争议的植物。这一点从各国对待大麻的态度就可以看出，大部分国家坚决抵制吸食大麻，将其列为违法行为，而荷兰、捷克以及美国的部分州，则可以在法律允许的范围内吸食大麻。

从实用的角度来看，大麻可以用于纺织粗、细麻布，制造绳索、麻线以及纸张，是一种极具价值的经济作物。市面上出售的麻布衣物、麻绳、麻袋等都是以大麻为主要原料制成。而且大麻也是一种常用草药，能够制成止痛剂，帮助患者减轻痛苦。对于癌症晚期和艾滋病晚期的患者而言，大麻不仅能止痛，还能够有效地促进食欲。

在中国，大麻已有 6000 多年的种植历史，据有关统计数据显示，中国的工业大麻种植面积居全世界首位，占 50% 左右。此处所说的工业大麻指的是：四氢大麻酚含量低于 0.3%（干物质重量百分比）的大麻属原植物及其提取产品。但只要超出这个标准，就会受到非常严格的管制。这是因为大麻中的四氢大麻酚具有镇静、兴奋以及迷幻的作用，会对人的精神和生理造成影响，可制成毒品。长期吸食大麻可诱发精神错乱和妄想症，性格也会变得非常偏执，而且身体机能将受到严重损害，抵抗力和运动协调能力都会有所下降。

人类吸食大麻的历史可以追溯到新石器时代。在罗马尼亚境内发掘出来的一个古代墓地中，宗教用炭炉内有烧焦的大麻种子。历史上使用大麻最著名的是古代印度，大麻在梵文里称为“ganjika”，印度传说中的毁灭之神湿婆教信徒尤其崇拜和喜欢吸食这种植物。

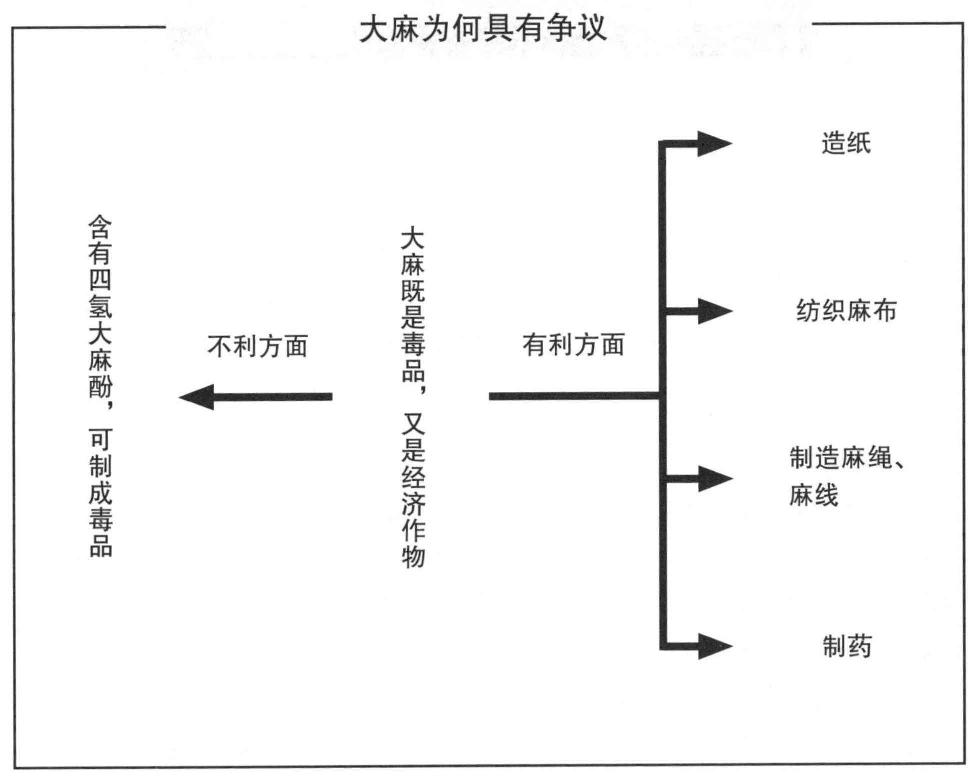
大麻为何具有争议
大麻既是毒品，又是经济作物
不利方面
含有四氢大麻酚，可制成毒品
有利方面
造纸
纺织麻布
制造麻绳、麻线
制药

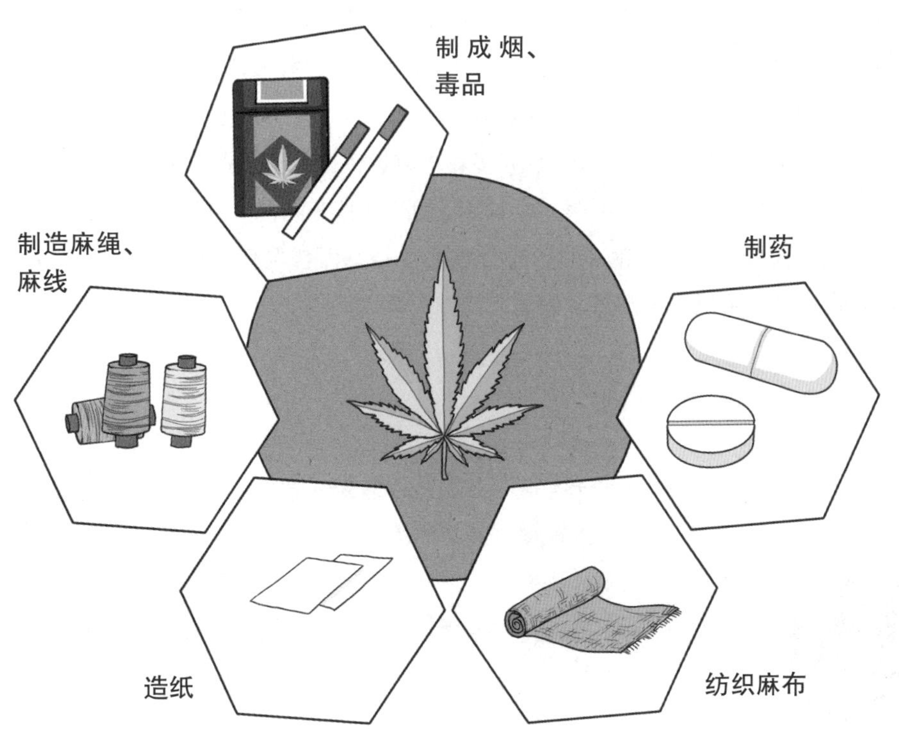
制成烟、毒品
制造麻绳、麻线
制药
造纸
纺织麻布

008 制作毒品的原材料——罂粟

小档案

中文学名：	罂粟	**开花时段：**	3~11 月
身份信息：	植物界 被子植物门 双子叶植物纲 毛茛目	**原产地区：**	小亚细亚、印度、亚美尼亚、伊朗
适宜环境：	阳光充足，土壤湿润 透气，土质为酸性	**外形特征：**	茎部直立不分枝，花朵颜色鲜艳， 花瓣呈椭圆
		主要价值：	观赏、加工成药品

在中国绝大多数地区罂粟都极其罕见，若不是如今互联网搜索信息方便，估计很多人连罂粟长什么样都不清楚。这是因为罂粟可以用于制作毒品，具有一定的危险性，随意种植可能会导致非常严重的后果。但罂粟也是一种极具价值的粮食作物和制药原材料，因此国家通常以法律的形式加以控制，进行规范化种植，未经许可私自种植就将构成犯罪。不仅是中国，世界上很多国家同样如此。

众所周知，吸食毒品对人体的健康损害极大，容易形成毒瘾，沉迷其中不能自拔，甚至因此丧命。而罂粟就是制作毒品（鸦片、吗啡、海洛因等）的原料之一，其提取物具有麻醉性，被用于多种镇定剂中，例如那可丁、罂粟碱、可待因等。

除了国家法律控制，罂粟对环境要求较高，因此并不是任何地方都适合种植。在中国，只有部分地区利于种植，且大多栽培数量较少，这也是导致少见的原因之一。

撇开罂粟与毒品的关系不谈，其本身还是非常具有观赏价值和经济价值的植物。罂粟花绚烂美丽，颜色鲜艳多彩，十分赏心悦目。而罂粟籽（罂粟的种子）也是重要的粮食产品，可以用来制酱、榨油或是作为烘焙调料。

- 阿富汗是世界上最大的罂粟产地，全球四分之三的毒品源自于阿富汗地区的罂粟产地，仅 2013 年的鸦片产量就高达数千吨。
- 在中国的相关法律规定，若行为人明知是毒品，仍非法持有罂粟壳 50 千克以上，就会构成犯罪。

让人又爱又恨的罂粟

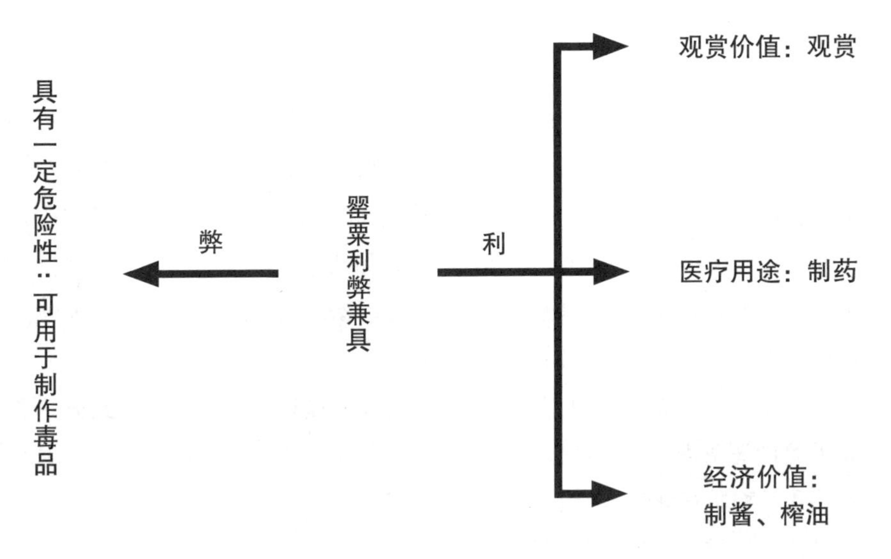

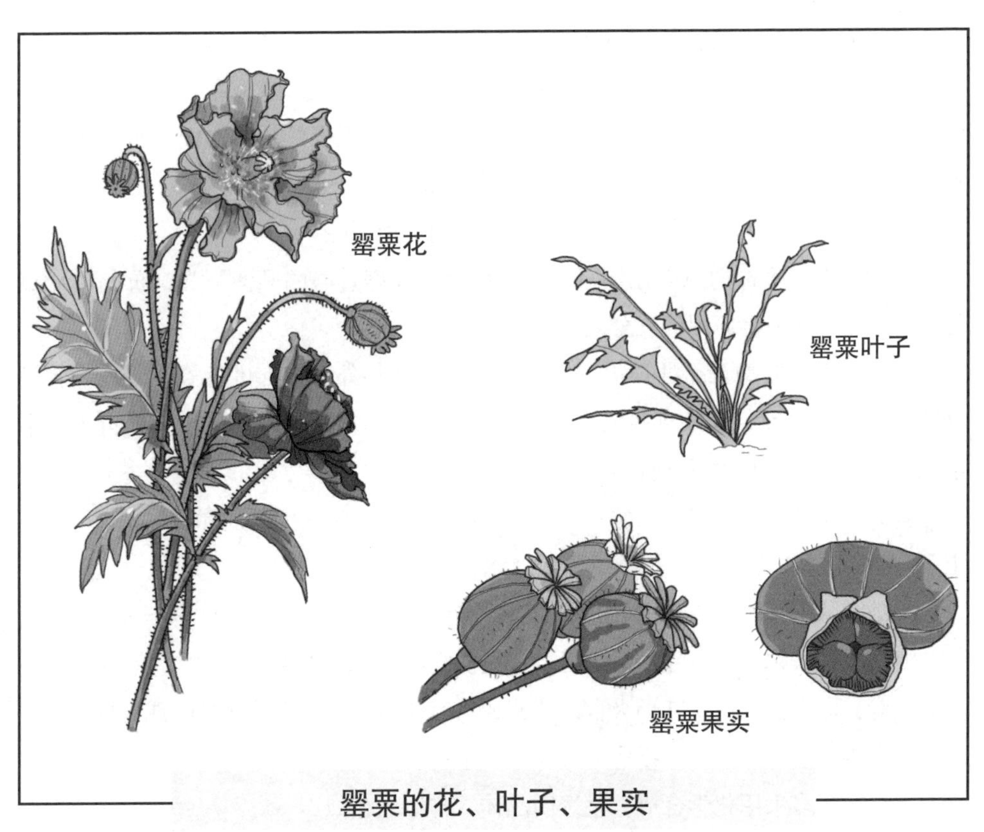

罂粟的花、叶子、果实

专题3：珍惜生命，远离毒品

“珍惜生命，远离毒品！”是众人耳熟能详的一句标语，经常出现在车站、机场、酒吧、电影院等公众场所。尤其是近年来，越来越多的明星因吸毒而锒铛入狱，抵制毒品的宣传更是铺天盖地，电视新闻、网络平台、报纸等媒体都加大了宣传力度。

毒品究竟为何物？为什么会让社会丝毫都不能接受？

从广义而言，毒品指的是使人形成瘾癖的药物。从毒品的来源进行区分，可以将毒品归为天然毒品、半合成毒品以及合成毒品三类。

天然毒品是从天然植物中直接提取而来，前文提到的鸦片就属于此类。半合成毒品指的是同海洛因一样，由天然毒品与化学物质合成所得的毒品。而合成毒品就是纯粹用化学物质有机合成制作的，例如：冰毒。

毒品之所以被严令禁止是因为吸食后非常容易上瘾，而且对身体伤害极大。当毒品进入人体之后，会作用于脑内的神经系统，同时打破人体正常的生理平衡，产生在毒品作用下的另一种平衡，让吸毒者在神经和身体上形成双重依赖，也就是所谓的毒瘾。一旦吸毒者停止吸毒，就会十分“怀念”吸毒的感受，而且身体也会感到强烈不适应，只有继续吸食毒品才能得到缓解。

既然如此，为何还是有人明知山有虎，偏向虎山行呢？

其实，人们吸毒的原因往往只是出于好奇。在好奇心的驱使下尝试毒品的比重几乎占据了首次吸毒原因的三分之二。

另一方面，新型毒品的种类繁多，不少在包装和外形上都进行了改头换面，极具欺骗性和诱惑性，导致有些人在不法分子的花言巧语下逐步沦陷。目前世界上最常见的毒品，主要有以下几种：

鸦片：从罂粟中提炼出来的一种棕褐色或黑色膏状物，民间别称：“大烟”“烟土”。

吗啡：从鸦片中提炼出来的一种白色针状结晶或结晶性粉末，可溶于水。

海洛因：被称为“世界毒品之王”，是从吗啡中提炼出来的一种白色粉末。

大麻：通常被制成大麻烟吸食，或制成大麻饮料，也可咀嚼、鼻吸或吞服。

可卡因：从天然灌木中提取的生物碱，呈白色晶体状。

冰毒：大多采用化学合成，呈透明晶体，与冰糖相似。

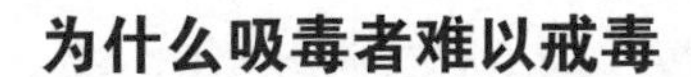

为什么吸毒者难以戒毒

吸食毒品

作用于脑内神经系统

破坏人体正常平衡，建立毒品作用下的新平衡

令人产生精神和身体双重依赖

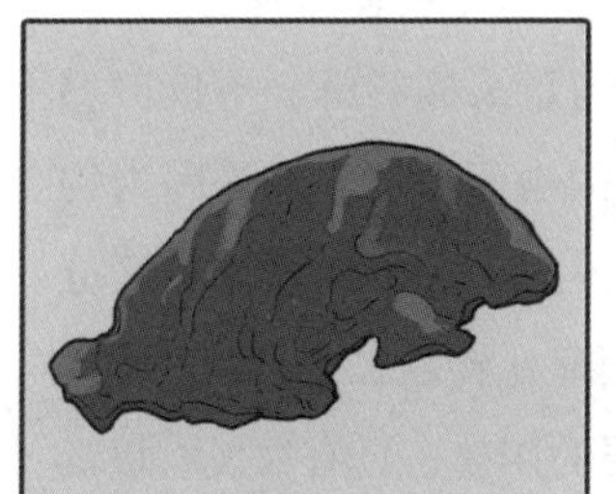

鸦片

吗啡

海洛因

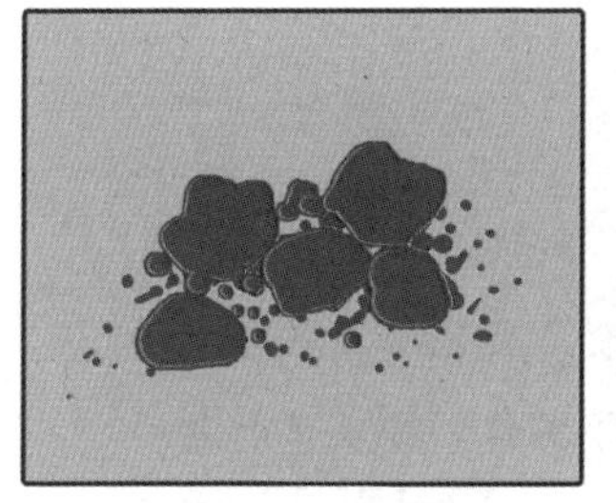

大麻

可卡因

冰毒

009 令人肝肠寸断的草木——钩吻

小档案

中文学名：钩吻

身份信息：植物界 被子植物门 双子叶植物纲 龙胆目

分布地区：中国以及东南亚地区

生长地区：200~2000 米的丘陵或灌木丛中

开花时段：5~11 月

植株高度：3~12 米

花朵外形：长漏斗状，花冠呈黄色或橙色

钩吻也称断肠草，整株都有剧毒，在香港被列为“四大毒草”之一，其他三大毒草分别为：洋金花、马钱子以及羊角拗。

钩吻的毒素成分主要为多种生物碱，毒性极强，服用过量将对消化系统、循环系统以及呼吸系统造成严重伤害。肠胃、心脏、咽喉以及眼睛等众多器官都会产生强烈反应，导致人体出现流涎、恶心、发热、呕吐、视力模糊等一系列症状，严重时引发痉挛、呼吸肌麻痹、昏迷以及休克，甚至因心脏衰竭或呼吸衰竭而死。

当然，对于路边那些不知名的草木，人们一般不会随意采摘尝鲜。不仅口感不确定，而且有未知危险。但是在过去，不少人都因误食钩吻而中毒，这是因为钩吻所开的花与金银花比较相似，不仔细观察很容易认错。不过，只要稍微用心区分，就不至于将两者混淆。金银花为黄白相间，花的长度也明显比钩吻长。

钩吻虽然毒性猛烈，但在中医药方面却有着十分重要的用途，具有祛风、攻毒、消肿、止痛、抗炎、催眠等功效，入药后外用，可治顽癣、疥癣、疮患、湿疹、麻疯、风湿、关节炎等症状，同时也能作为驱虫药。

明仔科普时间

相传，远古圣人神农在尝百草时误食钩吻而死。神农在一处向阳之地发现一种开着淡黄色小花的藤，于是摘下叶片品尝毒性，毒性立即发作。神农正打算吃下他常备在身边的解毒叶子时，却发现自己的肠子已经断成一截截了，不幸身亡。因此，人们便把这种植物叫作断肠草。

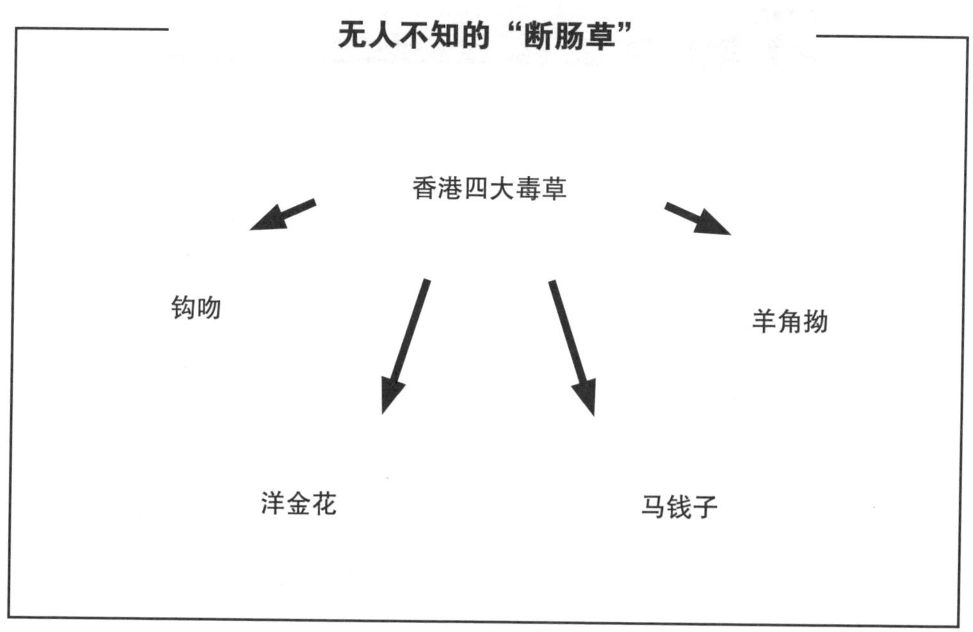

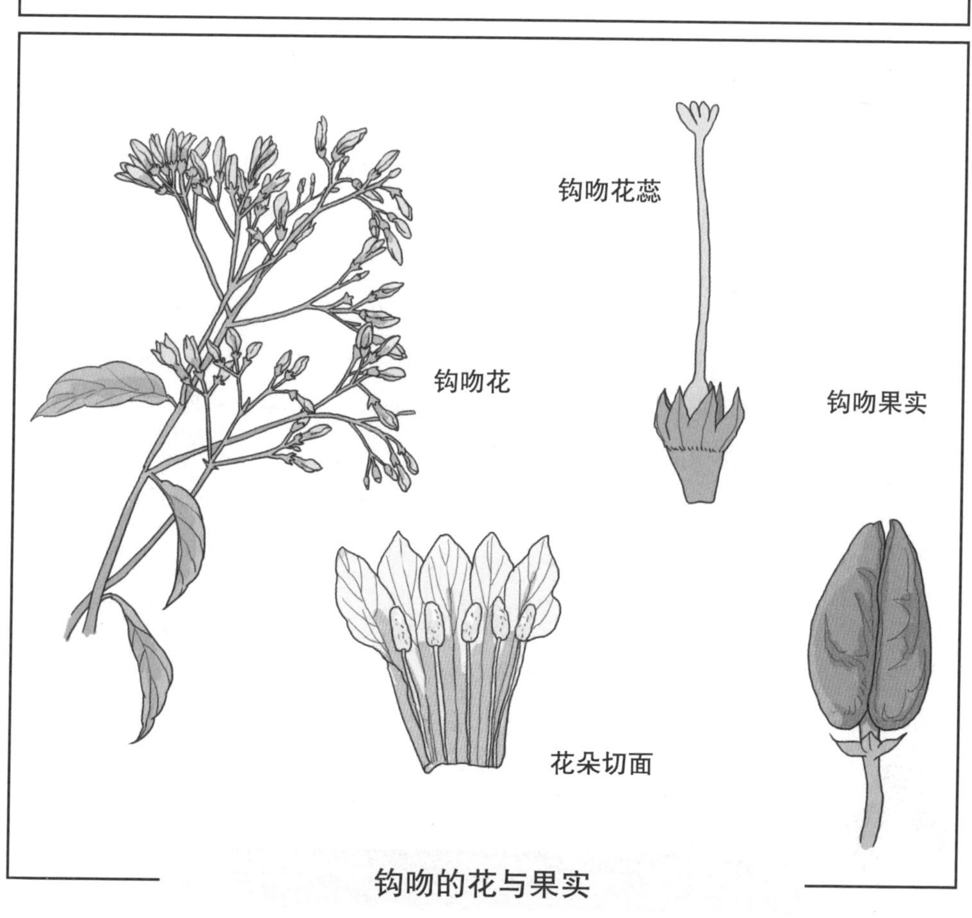

钩吻的花与果实

010 让人腹泻不止的种子——巴豆

小档案

中文学名：巴豆

身份信息：植物界 被子植物门 双子叶植物纲 金虎尾目

分布地区：中国长江以南各地

外形特征：叶子为卵形或长卵形，花小，蒴果椭圆

适宜温度：17~19℃

适宜环境：阳光充足，土质肥厚松软，排水良好

开花时段：4~6 月

巴豆，即使很多人没见过其庐山真面目，也会有所耳闻，这不就是武侠剧中常用的泻药吗？

事实上，巴豆确有令人腹泻的作用。而且巴豆全株有毒，含有多种辅致癌物，其种子的毒性最大。误食后还可能引起恶心、呕吐、头晕、呼吸困难等症状，严重时出现昏迷、痉挛，甚至因呼吸衰竭而死。

从外形上看，巴豆与普通的植物相差无几，高度在 3~6 米之间，枝条光滑无毛。花期较短，为 3 个月左右，果实如樱桃般大小，种子长约 1 厘米。只有叶子比较特别，具有三条贯穿叶面的叶脉，而大多数树叶仅有一条。虽然相貌不出众，但其毒性却让人们深深地记住了它。

巴豆的毒性并不是在现代才被人知晓，古人早就将其运用于战争中了。据史料记载，一千多年前，中国有位名叫唐福的人，制造了一种新型的化学武器进献给宋朝廷。这种武器是以砒霜、巴豆等有毒物质，填充进球形的容器内制成。将其点燃后，投到敌方阵营，由球体中散发的烟雾，能够令敌人中毒，起到削弱敌方战斗力的作用。在《武经总要》一书中，不仅对这种武器进行了比较详细的描述，而且记载了当时的配方。

“巴豆，不可轻用”

古时候，有个人腹痛，实在不行了，只得找一个江湖郎中看病。郎中翻开医书，见上面写着：巴豆，不可轻用。于是，郎中就给病人开了大剂巴豆，病人吃了巴豆不久就死了。病人的家人把郎中告上了衙门，当审问他时，他竟然振振有词的说：“巴豆不可轻用，那不就是要重用吗？”弄得大家哭笑不得。

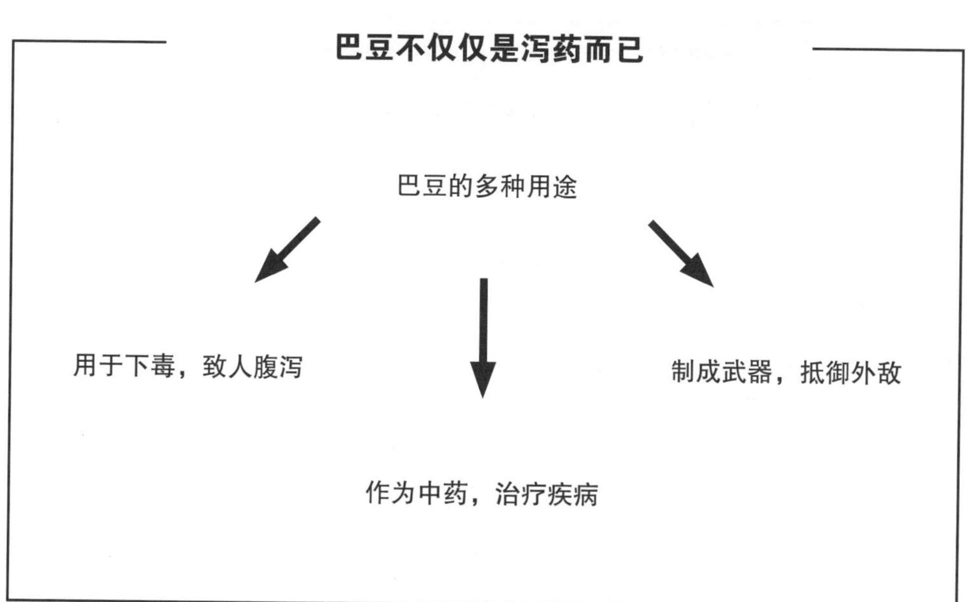

巴豆

专题4：巴豆居然可以用于止泻

在中学历史课本上记载了许多医术高明的医学家，李时珍就是其中之一。

李时珍出生于医药世家，从小就与各种药材打交道，对各种药材的药性了如指掌，但其为人不骄不躁，非常善于向他人学习而且富有实践精神。经过长期的经验积累和调查研究，李时珍历时27年编成了《本草纲目》一书。这是一本具有总结性的巨著，在国内外都享有很高的评价，现已发行了多种不同文字的版本。

如今看来，李时珍的医术精湛早已是毋庸置疑的事实。但在当时，不少人对其医术持有怀疑态度，有的医者甚至认为他治病用药极其荒谬，有违医理。尤其是李时珍用巴豆为病人治疗腹泻，简直让人大吃一惊。

故事是这样的：在李时珍的邻县，有一位60多岁的老太太，患有多年的肠胃顽疾，平日里经常腹泻。若是吃了生冷、油腻的食物或瓜果情况就更为糟糕，不仅腹痛不止，而且腹泻加剧。老人为了祛除顽疾，访遍医者但都不能如愿，甚至有病情加重的现象。后来，有好心人将李时珍推荐给老太太，经过李时珍开方诊治，患者终于痊愈。

在治疗的初期，事情并不是那么顺利。因为李时珍开出的药方是巴豆，与以前医生开出的常规药方截然不同，而且众人皆知巴豆容易导致腹泻，实在令人费解。于是许多医者都提出了异议，一些不明事理的人甚至开始讽刺李时珍不学无术，胡乱下药，导致病人有所顾忌，犹豫不定。在李时珍的坚持劝说下，老太太还是“斗胆”尝试了巴豆，没想到竟然真的药到病除。

李时珍当时为了说服老太太服药，向她仔细分析了具体病因，断定其腹泻是由脾胃受损导致的冷积凝滞所引起，并非普通腹泻。而巴豆药性辛、热，正好对应病症。只要用量适度，就可以起到止泻效果。而李时珍曾多次以自身试验过药量，经验丰富，对药方非常有信心，终于成功取得患者的信任。随着老太太逐渐康复，人们对李时珍的态度也发生了巨大改变，个个都佩服得五体投地。

011 潜藏危险的藤蔓果实——紫藤

小档案

中文学名：紫藤

原产地区：中国、日本以及北美地区

开花季节：春季

植株特性：落叶、具攀援缠绕性

花朵外形：呈下垂串状，20~30朵密集排列在枝端

荚果长度：10~15厘米

主要价值：药用、提炼精油、观赏等

中国作为紫藤的原产地之一，自古以来就常栽培紫藤作为庭院里的装饰植物。因为紫藤开花的时候非常美丽，几十朵连成一串垂下，随风摇曳令人赏心悦目。而且紫藤具有攀援缠绕的特性，将其种植在棚架边，它便可以自然地覆盖整个棚架，供人乘凉。

然而，就在大饱眼福之后，危险却悄悄来临。当紫藤开花过后，会结出具有毒素的细长形荚果，其表面长有一层绒毛，整体外观跟四季豆比较相似。若人误食了紫藤的荚果或种子，可能出现呕吐、腹痛、腹泻等症状，甚至由此导致身体严重脱水。而抵抗力较低的儿童，仅进食两颗种子就能引起深度中毒。

在2013年，曾有名高一的学生，在校园军训之际，看见了如豆荚一般的紫藤果实，忍不住尝了尝，结果不幸中毒被送往医院。据学生事后回忆，当时只是出于好奇掰开了荚果，看见里面有黑色的豆子，便想着吃几颗尝个新鲜。但没过多久，就产生了剧烈腹痛，接着出现上吐下泻的症状。父母得知情况后急忙将其送往医院，经过采取洗胃措施和药物辅助治疗，最终得以痊愈。

世界紫藤之最

全球最大的紫藤位于美国加利福尼亚州，面积约为4000平方米，重量达225吨，每年盛开的花朵数量超过150万。这株紫藤最开始于1894年被威廉和爱丽丝布鲁格曼栽种在自家的庭院里，如今俨然撒开成了“一张巨网”。经由吉尼斯世界纪录认证，正式把该树列为世界上最大的开花藤蔓植物，成为了世界上最大的紫藤。

明仔学科普

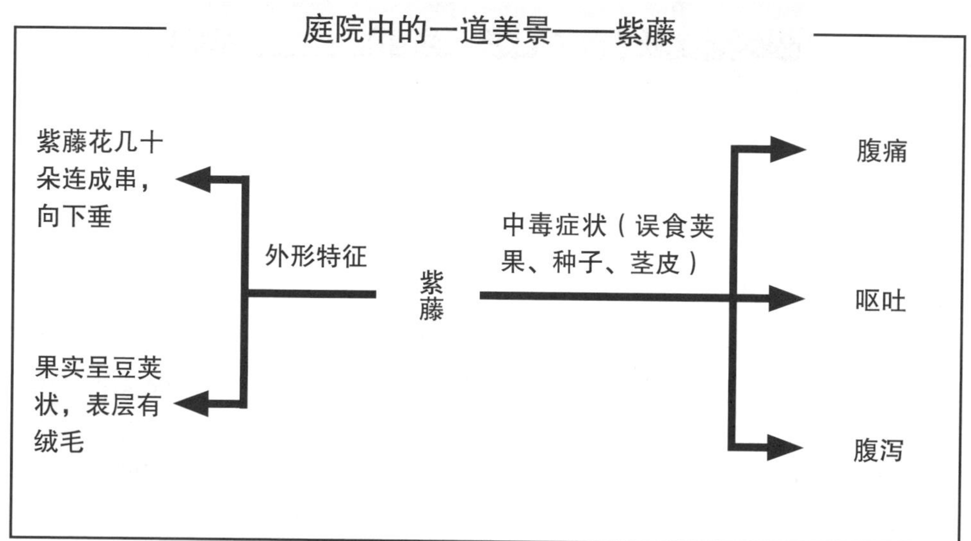
庭院中的一道美景——紫藤
紫藤花几十朵连成串，向下垂
果实呈豆荚状，表层有绒毛
外形特征
紫藤
中毒症状（误食荚果、种子、茎皮）
腹痛
呕吐
腹泻

紫藤果
紫藤花
紫藤的各部位细节

012 不能触碰的公园景观——绣球花

小档案

中文学名： 绣球花

身份信息： 植物界 被子植物门 双子叶植物纲 虎耳草目

开花时段： 6~8 月

植株特性： 花朵颜色会因土壤的酸碱程度而有所变化

常见花色： 红、蓝、紫

适宜温度： 18~28℃

植株习性： 不喜强烈阳光照射，适合种植于半阴环境

同前文提到的紫藤一样，绣球花也是原产于中国的一种花卉，早在明、清时期建造的江南园林中就有种植。由于其花簇拥成一团，如绣球一般而得名。

绣球花最具特色的是：它的花卉颜色并非完全由品种本身决定，土壤的酸碱程度也会对其影响较大。当种植于酸性土质的土壤中时，绣球花的颜色会偏青，而土质呈中性至碱性时，就会开出偏红色的花朵。因此，种植者可以在一定程度上调节绣球花的颜色。喜欢深蓝色的，可以在花蕾形成之际使用硫酸铝，而钟爱粉红色的，则可以在土壤中掺入部分石灰。

整体来看，绣球花拥有叶大色绿、花团锦簇、花色多变等特点，是一种极具观赏价值的花卉，现代公园和景区经常大面积种植用以制造景观。然而，人们在欣赏美景时，需要注意一点：绣球花虽美，但全株具有毒性，尤其是茎叶部分。有的品种能够散发出细微的颗粒，若是粘附在皮肤上，很容易出现瘙痒症状。若是误食，就会导致腹痛、呼吸急促、呕吐等一系列中毒症状。

绣球花别称的由来

绣球花又称八仙花，这个名字源于民间的神话传说。相传有一次八仙应邀到瑶池参加蟠桃会，返途路经东海，惊动了东海龙王。龙王派儿子们到海面一探究竟，其中一子见何仙姑貌美，便将其抢回龙宫。此举惹怒其余七位仙人，他们令各自的法宝化作火龙，喷出烈焰使海水沸腾，龙宫酷热摇晃。龙王感到奇怪，遂问缘由。之后将逆子绑起，用龙轿抬着何仙姑向众仙致歉，并献花赔礼。之后八仙将此花带到人间，人们便称其为八仙花。

绣球花的特别之处

花朵的颜色会受土壤酸碱度影响

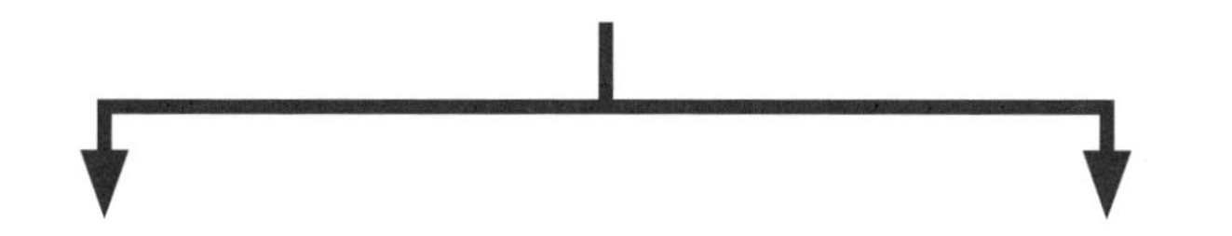

酸性土壤

中性至碱性土壤

颜色偏青

颜色偏红

喜欢深蓝色绣球花，可以在花蕾形成之际施用硫酸铝

钟爱粉红色绣球花，可以在土壤中掺入部分石灰

013 绵里藏针的“弱女子”——毛地黄

小档案

中文学名：毛地黄　　**适宜温度：**12~19℃

原产地区：欧洲　　**常见花色：**白、粉红、深红、浅紫等

开花时段：5~6 月　　**植株高度：**60~120 厘米

植株特性：耐寒冷干旱，适宜种植于湿润土壤

从整体外形上看，毛地黄给人的感觉十分娇柔无力，弱不经风，但实则不然，其毒性不容小觑。

毛地黄最初产于欧洲，之后才传入中国，因此也有洋地黄之称。是否觉得这个名字似曾相识？没错，一种用于治疗心脏病的药物名称中也含有洋地黄，即洋地黄毒苷。由于洋地黄具有使心肌兴奋、增强心肌收缩力、改善血液循环等作用，因此常被用于治疗心力衰竭以及其他心脏疾病。而洋地黄毒苷，就是以洋地黄为主要原材料制成。此外，诸如地高辛、毛花苷丙等心脏病药物也含有一定的洋地黄成分。

能够治病救人，洋地黄自然是功德无量，但令人头疼的是，在救治的过程中，还存在着不小风险。一旦用量失误，将导致患者药物中毒。而中毒药量与治疗药量之间的差异不是很大，非常难以拿捏。据研究发现，治疗药量大约占中毒药量的60%。若按照传统方法用药，发生中毒的几率将高达20%。造成该现象的主要原因在于：每个患者的患病程度不同，但药物用量是按照符合大众患者的通常情况而设定，因此难免有偏差。基于这一点，医生会根据患者的具体情况细致用药，剂量也会控制在饱和程度以下，以降低药物中毒的风险。

毛地黄的别称

传说有一只坏妖精将毛地黄的花朵送给狐狸，让狐狸把花套在脚上，以降低它在毛地黄间觅食所发出的脚步声，因此毛地黄还有另一个名字——狐狸手套。此外，毛地黄还有其他如巫婆手套、狐狸套、仙女手套、死人之钟等别称。

以毛地黄制成的药物有哪些作用

使心肌兴奋 → 增强心肌收缩力 → 改善血液循环 → 治疗心力衰竭以及其他心脏疾病

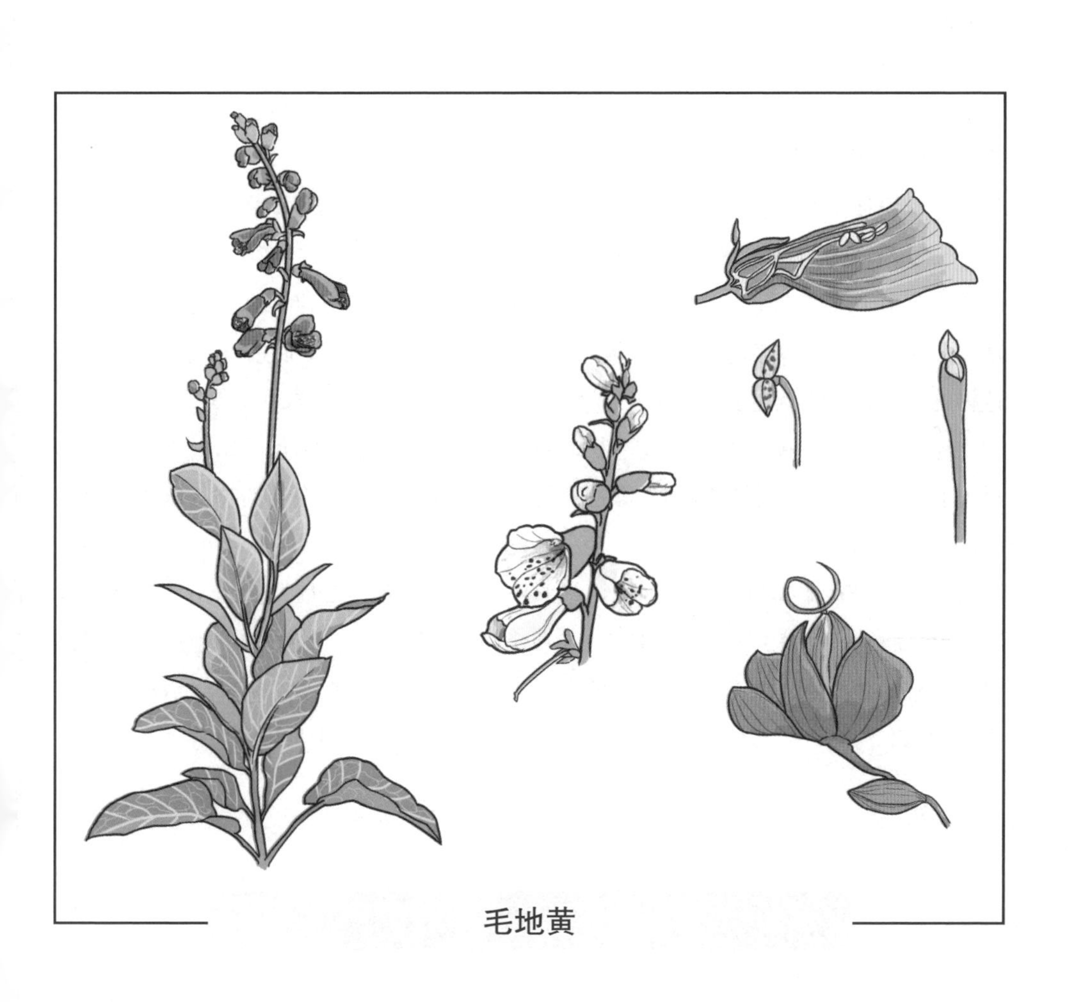

毛地黄

专题5：如何正确地服药

生病吃药是一件再平常不过的事。有的人甚至都对药物产生了依赖，一旦生病就必须打针吃药，否则难以康复。

中国有句古话叫作：“是药三分毒”意思是任何一种药物都会存在风险和不利因素，借此告诫人们用药需要小心谨慎。但如今一些人在吃药的时候，往往凭借自身经验，任意而为，或为了尽快痊愈自行增大药量，这就就很容易发生药物中毒。要避免此类问题出现，最好按照药品说明书或遵医嘱服药是最为明智的选择。

在服用非处方药物之前，必须清楚地了解说明书中各种事项，弄清楚如何正确地服药。有医生开方的情况下，遵照医嘱进行服药即可。首先要确定药物的用量，说明书上标明的几乎都是常用量，也就是既能达到很好的治疗效果，又相对比较安全的用量。而服用对象通常以一个正常成年人作为衡量标准。患者可以根据个人体质和患病程度，选择合适的用量。一般来说，体质较弱的老年人服用3/4的药量即可。值得注意的是，部分药物孕妇不宜服用，在查看说明书时要特别注意。

除了药物的用量，服用时间也是比较重要的一方面，这将直接影响到药物效力的发挥。有些患者就是因为服药时间太过随意，导致病情迟迟不见好。服用时间在药物说明书上一般以饭前、饭时、饭后、睡前等词汇加以表示。偶尔也会出现“空腹”这样的字眼，其实就是要求服药之前不能吃任何东西，即清晨未吃早点时。

还有一点需要关注的是送服药物的液体。绝大多数的药物都是以白水送服，不过也有极少数以酒送服的特例。像祛风除湿、活血化瘀等类型的药物，以酒送服或用酒浸泡之后，可以在一定程度上提高治疗效果。但通常情况下，酒并不适宜用于服药。尤其是在服用抗生素的期间，绝对不能饮酒。若是在此期间忍不住贪杯，很容易出现胸闷、呼吸困难、心率加快、血压下降等药物反应，严重时可造成心肌梗死、心力衰竭、休克甚至死亡。此外，像生活中常见的茶水、汽水、果汁等饮料，同样不适宜送服药物，有的还会起到瓦解药性的作用或造成其他不良影响。

怎样避免药物中毒

按照药品说明书服药

主要关注事项

用药剂量

服药时间

服用方式

使用说明书

用法用量

注意事项

不良反应

014 麻痹心脏的毒草——羊角拗

小档案

中文学名： 羊角拗

身份信息： 植物界 被子植物门
双子叶植物纲 龙胆目

分布地区： 中国、越南、老挝等

名称由来： 果实形似羊角

植株特点： 全株含有白色或黄色乳液

开花时段： 3~7月

叶子形状： 近似椭圆形，长5~10厘米，宽3~3.5厘米

在中国的俗语中，常用“奇人必有异相”来形容一些具有特殊本领但长相奇怪的人。如果将采用拟人的手法描述羊角拗的话，那这句话再合适不过了。

相对于大部分普通植物，羊角拗的花和种子简直长得太有“个性”了。羊角拗的花为五瓣，靠近花柄部分大致呈三角形，整体看上去就像一个五角星，而花瓣的末端为弯曲的细条，向下垂放，长达5~8厘米。羊角拗的果实也不是“大众化”的椭圆形，而是具有明显分叉，形似羊角一般。至于羊角拗的奇特之处，就在于其毒性剧烈。若误食便可引起头疼、头晕、呕吐、腹痛等症状，严重时造成瞳孔扩大、脉搏不规则、痉挛、昏迷甚至因心跳停止而死。

同洋地黄一样，羊角拗也含有强心苷类物质，可用于治疗心脏疾病。但需要控制药物用量，避免中毒。除此之外，羊角拗苷类还是包氏毛毕吸虫的克星。据有关实验结果表明，羊角拗苷类对感染包氏毛毕吸虫的雏鸭起到明显的治愈作用，可以有效杀灭其体内不同发育阶段的包氏毛毕吸虫。

明仔科普时间

羊角拗中毒怎么办

如果不慎误食羊角拗导致中毒的话，早期可催吐、洗胃，中晚期可导泻。口服蛋清、牛奶、药用炭及维生素C等，并大量饮茶。有条件的话可以进行肌内注射硫酸阿托品、静脉输入5%葡萄糖溶液。当然，一定要及时就医，遵从医生的嘱咐进行治疗。

长相奇特的羊角拗

羊角拗的花与种子与众不同

花：大致呈五角星，末端有细条垂下

种子：具有明显分叉，呈羊角状

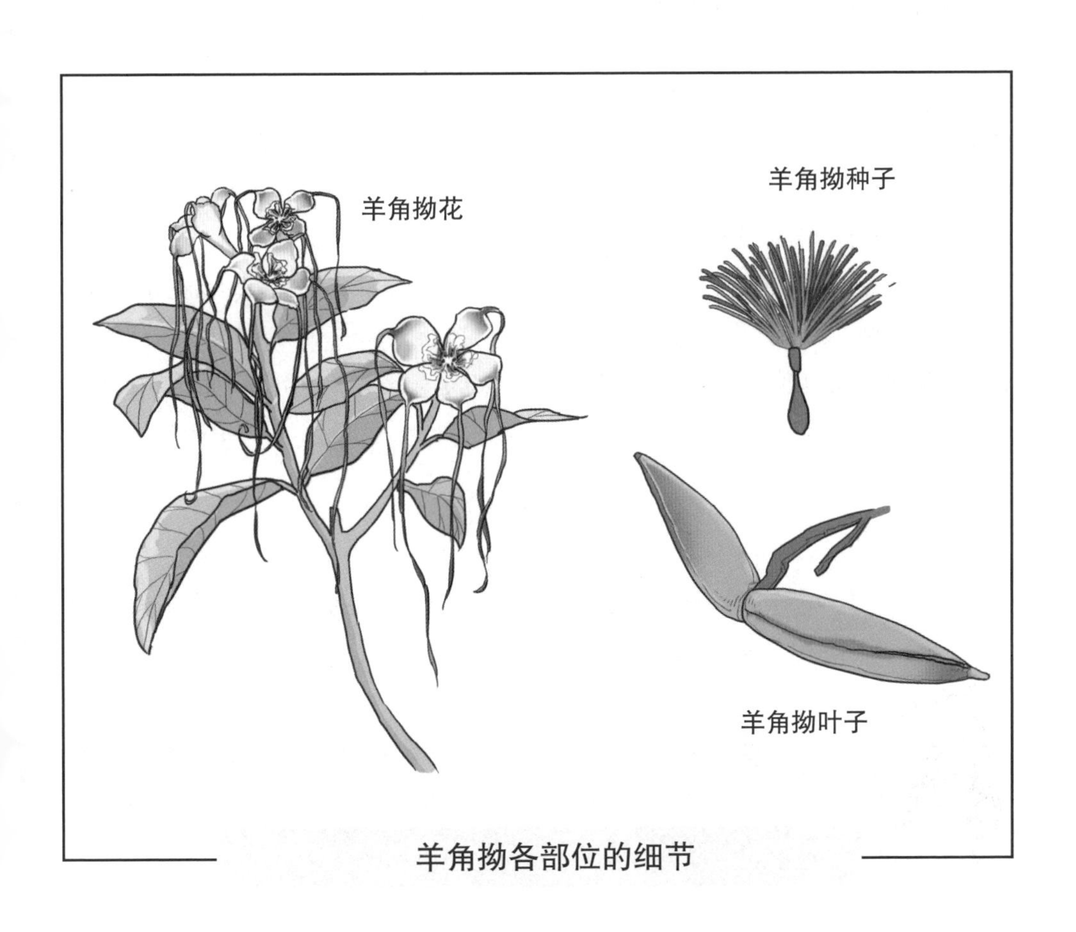

羊角拗各部位的细节

015 具有危险性质的药材——铃兰

小档案

中文学名： 铃兰

身份信息： 植物界 被子植物门
单子叶植物纲 天门冬目

原产地区： 北半球温带地区

植株高度： 20~30 厘米

开花时段： 5~7 月

适宜环境： 喜欢阴凉、湿润的环境

土壤要求： 肥沃疏松，土质呈微酸性

铃兰是芬兰的国花，外形小巧可爱，非常惹人喜爱。不少国家会以互赠铃兰表示祝福。铃兰的花是朝下绽放的，形状近似灯罩，呈一层一层叠加之势。花朵数量不等，少的几朵多则十几朵，有些人认为数量刚好为 13 朵的铃兰，就像花瓣为四片的三叶草一样，会给人们带来好运。

铃兰不仅长相出众，而且具有很高的实用价值。将其摆放于室内，可以净化空气，抑制部分细菌的生长繁殖。同玫瑰、百合、丁香等花卉一样，铃兰也具有非常浓郁的香气，能够清新空气，给人神清气爽的感觉。由铃兰产生的挥发性油类具有明显的杀菌功效，可以对人体起到一定程度的保护作用。同时它们能够吸纳空气中的尘埃和飘浮的颗粒，让家庭更易保持洁净。

虽然优点众多，但铃兰的缺点也不容忽视。铃兰全株都有剧毒，以花和根两部分的毒性最强。其毒性与洋地黄较为相似，都是含有强心苷类有毒物质。若误食植株或者服用相应制剂不慎，就会造成恶心、呕吐、腹泻等身体不适，情况严重时可能出现头晕、头痛、心率不齐甚至心脏衰竭等症状。

法国铃兰花节

每年的五月一日，不仅是国际劳动节，也是法国的铃兰花节。在当天，法国城市的大街小巷到处有铃兰售卖，人人都会买上一些赠与亲友。他们将铃兰视为幸福与希望的象征，收到铃兰会让爱神眷顾，获得一份美好的姻缘。

此外，在法国的婚礼上也经常看到铃兰花，表示对新人的祝福。

铃兰有哪些作用

铃兰是一种实用性很强的植物

杀灭空气中的部分细菌

吸纳空气中的浮尘和颗粒

散发香味清新空气

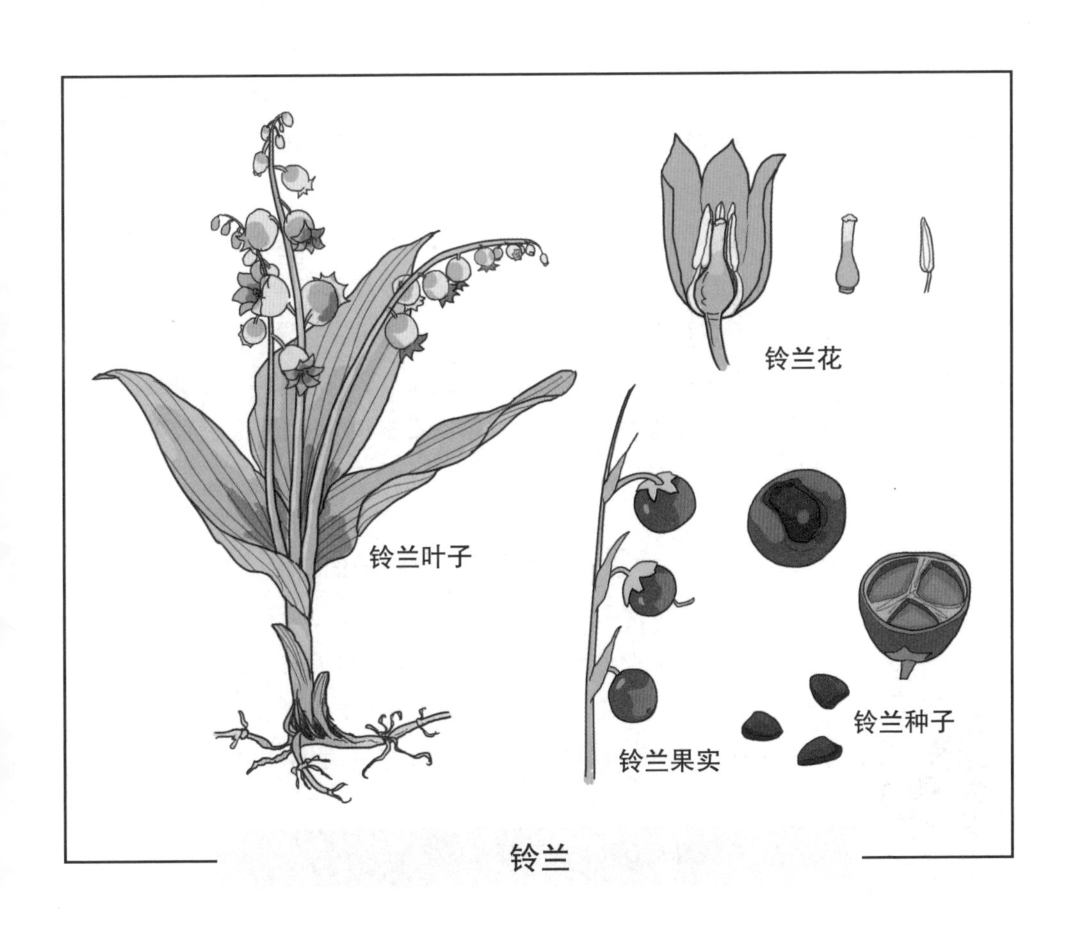

铃兰

016 令人毛发脱落的盆栽——含羞草

小档案

中文学名：含羞草

身份信息：植物界 被子植物门 双子叶植物纲 豆目

原产地区：中南美洲

花朵颜色：大多为粉红色

开花时段：3~10月

植株特性：受到刺激，叶子会收缩

植株高度：最高可达1米左右

含羞草的生命力非常顽强，对环境的要求不是很高，有充足的阳光和土壤基本上就能存活。目前，含羞草已从原产地扩散到了世界许多地方，在部分地区甚至被视为入侵物种。

不过，大多数中国人似乎对这种“彬彬有礼”的植物还算比较喜欢。当用手轻轻触碰含羞草的叶子时，它们会立即开始闭合，给人一种羞涩的感觉，因而得名含羞草。若将触碰力度加大一些，叶柄也会受到影响，由上扬状态转变为下垂状态，就像在鞠躬一样。在震感比较强烈的情况下，连周围的没有被碰到的一些叶子和叶柄都会做出相应的“害羞”反应。

虽然看起来非常有趣，但其中也存在了一点危险因素。因为含羞草具有一种毒性的氨基酸即含羞草碱，动物若是误食含羞草，就会出现精神抑郁、呼吸困难、水肿等中毒症状。科学家曾以掺有含羞草碱的饲料喂养白鼠，结果造成白鼠产生白内障和生长抑制，同时还有脱毛现象。而人类若是接触过多或者误食，很容易引起眉毛变稀甚至毛发脱落。即使作为中药材，含羞草也不能够单独服用，还需要配合一些其他药物共同使用才行。

明仔科普时间

能够感应地震的含羞草

正常情况下，含羞草的叶子是白天张开，夜晚闭合。但在地震即将来临之际，含羞草的叶片就会出现白天闭合，晚上张开的颠倒现象。这一特点在地震多发的日本得到了切实验证，例如：1938年1月11日上午7时，含羞草开始张开，但是到了10时，叶子突然全部合闭，果然两天后就发生了强烈地震。

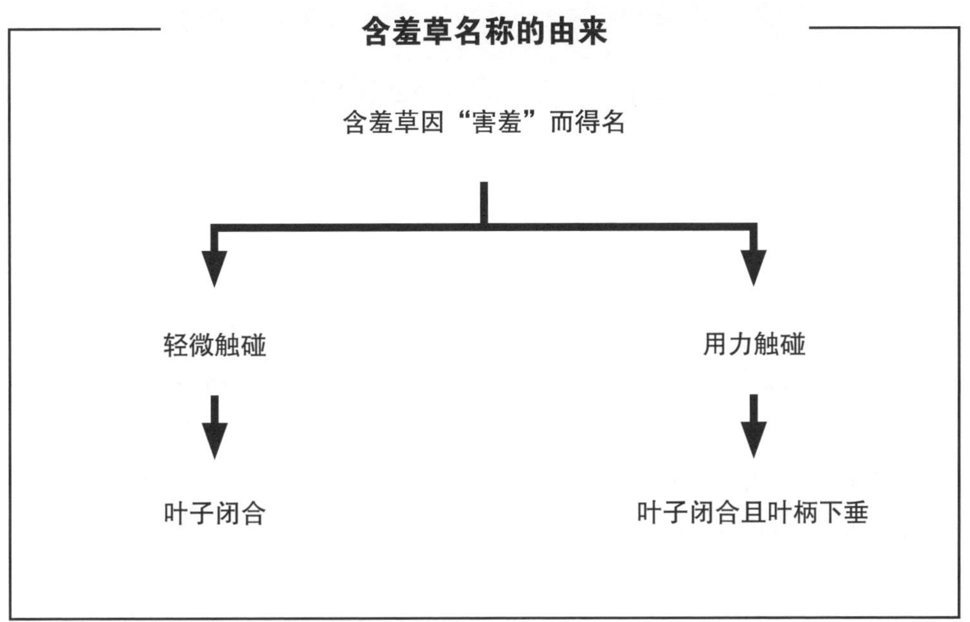
含羞草名称的由来
含羞草因“害羞”而得名
轻微触碰
叶子闭合
用力触碰
叶子闭合且叶柄下垂

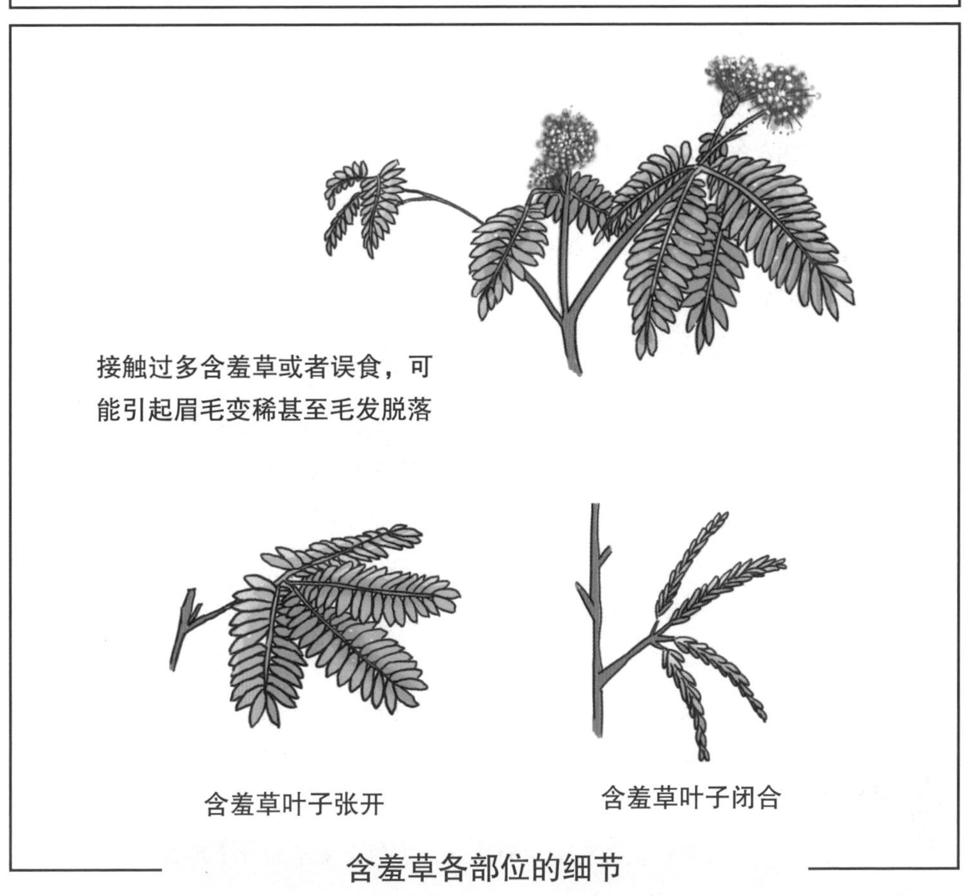
接触过多含羞草或者误食，可
能引起眉毛变稀甚至毛发脱落
含羞草叶子张开
含羞草叶子闭合

含羞草各部位的细节

专题6：为什么含羞草的叶子可以活动

在大自然中，植物的花朵盛开、聚拢是司空见惯的事件，但叶子能够活动的却极少，尤其是像含羞草一般，叶面、叶柄都能够活动的植物更是罕见。植物不同于动物，既没有神经系统也没有肌肉，而含羞草的叶子究竟是依靠什么力量活动的呢？

这是因为含羞草的内部富含水分，白天叶面之所以能够展开主要依赖于叶枕中的水分支撑。而当叶片受到外部刺激，如：触碰、摇晃或雨水打击等情况时，叶枕内的水分就会立即流往别的地方，令叶面因失去支撑而闭合。另一方面，含羞草在夜间休息期间会自动收缩起来，即植物的睡眠运动。

含羞草闭合叶面的行为，主要是为了保护自身不受伤害。遇上狂风暴雨的恶劣天气，闭合叶面可以缩小被雨水打击的面积，从而达到减轻自身阻力的目的，跟人类在狂风中身体前倾前进是一个道理。含羞草的反应非常迅速，在受到刺激后不到1秒内叶面就会开始闭合。而且传导速度很快，最高可达0.1米/秒。不过，它们并不会就此一直保持闭合状态，经过5~10分钟，就会逐步恢复到之前的样子。有趣的是，如果人们不停地“戏弄”含羞草，它们就会变成“厚脸皮”，对人类的骚扰置之不理。当然，这是个玩笑罢了，真正的原因在于：连续的刺激会令叶枕内水分流失过快，难以及时得到补充。

某些“含羞草”不害羞

人们在路边看见含羞草的时候，总是忍不住想“挑逗”一番，但有时候含羞草却似乎一点也不“买账”。任你左摇右晃，它就是毫无反应。这时候，就需要确认一下这株植物的真实身份了，或许它只是长相与含羞草比较相似的酸角罢了。但通过仔细观察，可以看出含羞草的叶子较小，排列更为紧密，且叶片末端稍尖；而酸角的叶子大致呈椭圆形，数量相对较少，叶面两边大多呈一定弧度向中间靠拢，不似含羞草的叶子那么平整。

含羞草为什么会闭合叶子

闭合叶子是为了保护自己 → 当遇上暴雨天气时 → 闭合叶面以缩小受雨水打击的面积 → 达到减轻自身阻力的目的

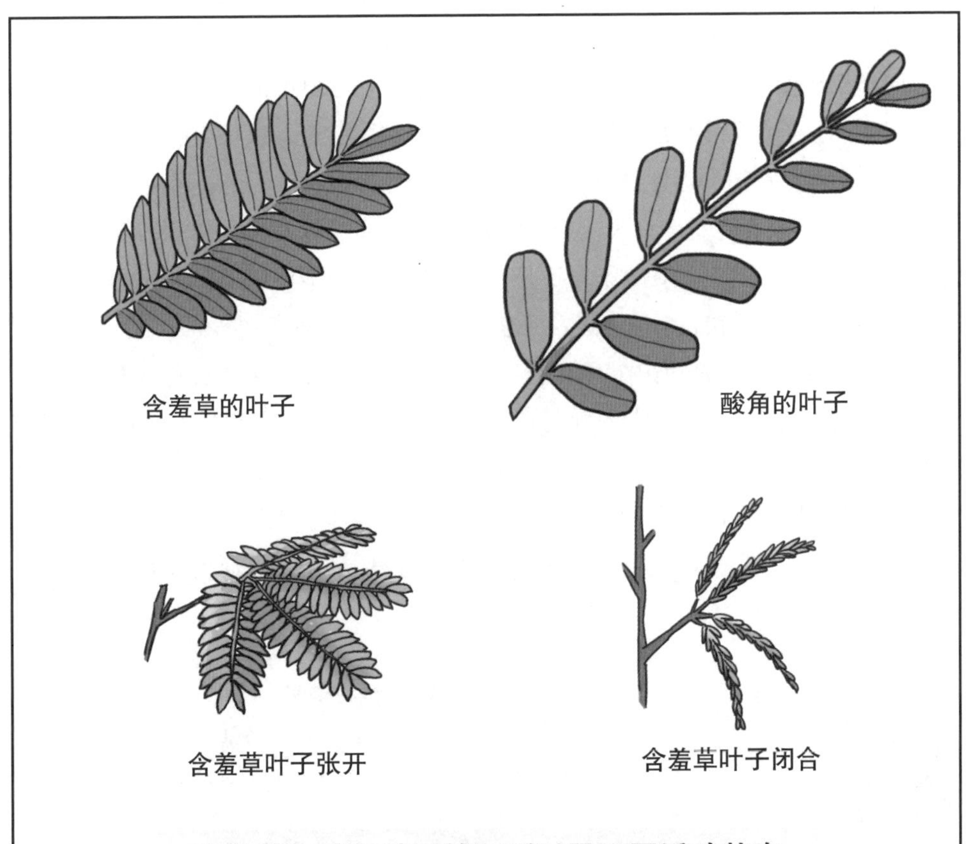

含羞草与酸角叶子的区别以及不同活动状态

017 让人闻风丧胆的名字——见血封喉树

小档案

中文学名： 见血封喉树

生长地区： 亚洲和非洲的热带地区

生长高度： 25~40 米

开花时期： 3~4 月

生长环境： 海拔 1500 米以下的雨林中

外形特征： 树皮为灰色，表面粗糙，树叶为椭圆形

生长特性： 根系发达，抗风能力强，独株生长较矮

见血封喉树也叫箭毒木，光听这个名字就有点让人不寒而栗。但该植物并非浪得虚名，而是真的具备强大的“杀伤力”，其毒性在世界上所有的有毒植物中都是名列前茅的。

见血封喉树的乳汁有剧毒，若是其汁液经由伤口进入人体，就会引起肌肉松弛、血液凝固、心脏跳动减缓等一系列问题，最后可令心脏停止跳动！人类如果误食，后果同样很严重，心脏会被麻痹而导致无法继续工作。更可怕的是，其汁液如果溅入眼睛里，也会造成极大的伤害，甚至是失明。

由于见血封喉树的毒性极强，被一些生活于热带雨林中的土著居民运用于战争之中。他们将其汁液涂抹于箭头，然后狠狠地射向来犯的敌人。那些初来乍到的敌人，并不知道毒箭的厉害，即使被射中还是坚持作战，根本不在意受伤。但剧烈的运动会令体内血液循环加快，毒液也随之迅速扩散，不久便毒发而亡。

这种剧毒树木在中国境内也有生长，主要集中在广东、海南、云南等几个省份。这些地区的人们，由于长期与见血封喉树生活在一起，深知其毒性的猛烈，通常都会对其敬而远之。在广西北海，曾经发生过一起台风吹倒见血封喉树砸毁民宅的事件。而房屋主人惧怕其毒性，都不敢擅自移除。

见血封喉树虽然有毒，但树皮中的纤维可以用来纺织衣物，而且对治疗中暑、腹痛等疾病疗效显著。

名字奇特的植物

在植物界中，拥有奇怪名字的可不止见血封喉树一种。还有徐长卿、使君子、墓头回（别称臭脚跟）、独活、水东哥（别称鼻涕果）、小二仙草、王不留行、猴喜欢、十万错等。

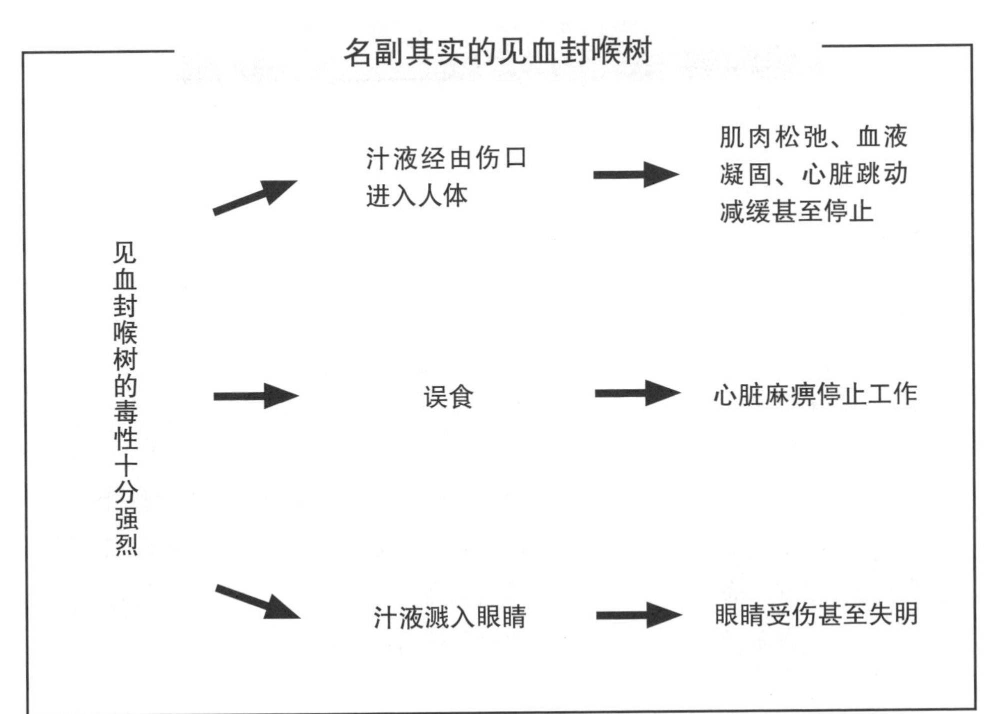
名副其实的见血封喉树
见血封喉树的毒性十分强烈
汁液经由伤口进入人体
肌肉松弛、血液凝固、心脏跳动减缓甚至停止
误食
心脏麻痹停止工作
汁液溅入眼睛
眼睛受伤甚至失明

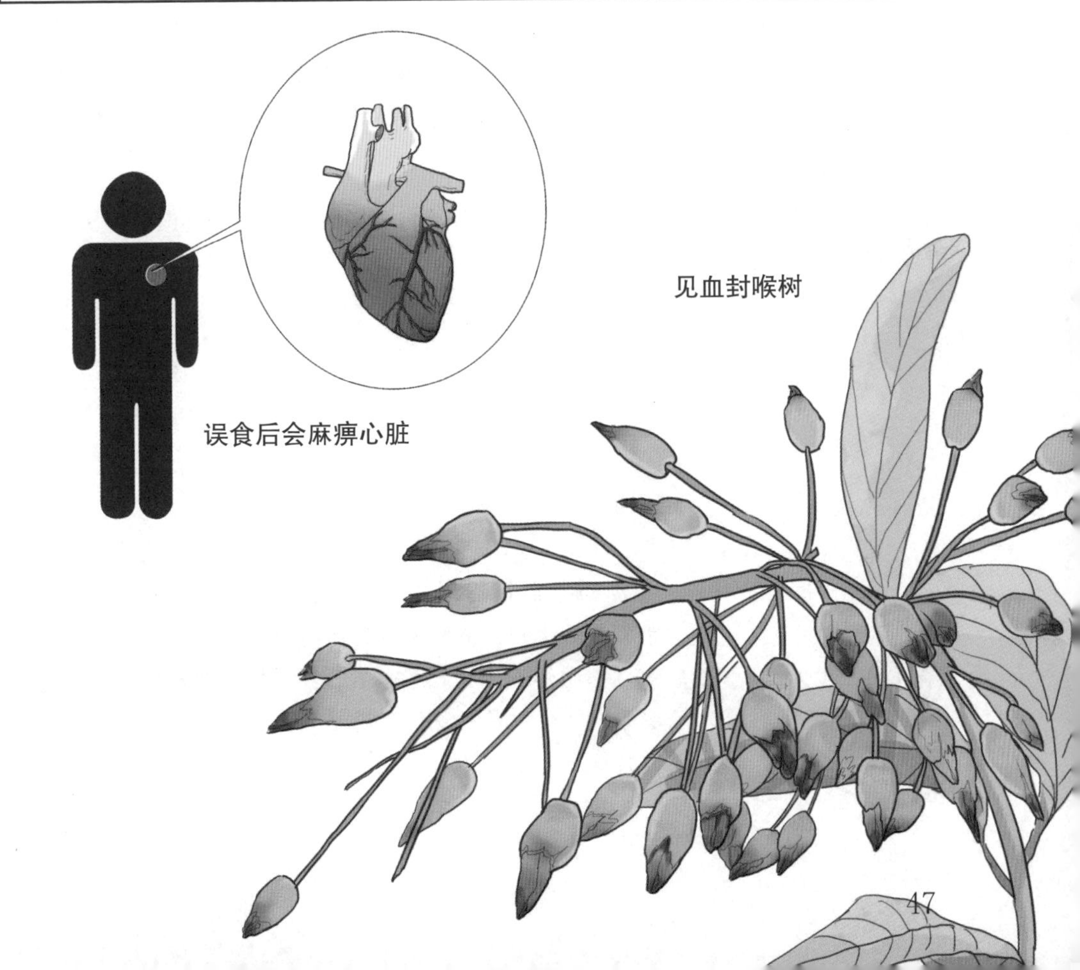
误食后会麻痹心脏
见血封喉树

018 含有毒素的装饰——水仙

小档案

中文学名： 水仙花
身份信息： 植物界 被子植物门 单子叶植物纲 天门冬目
适宜环境： 喜欢温暖、湿润的环境
原产地区： 亚洲东部
开花时段： 1~2月
主要价值： 观赏、药用、制茶、雕刻
特殊意义： 柬埔寨的国花

水仙在中国已将有上千年的栽培历史，中国水仙的是在唐代从意大利引进，为法国多花水仙的变种，在中国已有一千多年栽培历史，经几千年的选育而成为世界水仙中独树一帜的佳品，为中国十大传统名花之一。很多人喜欢将其摆放在书桌上或是餐桌上，作为装饰。但鲜少有人知道这种纯洁美丽的植物其实是有毒的，而且毒性不小。

在中国植物图谱数据库收录的有毒植物中，就包含了水仙花。而且植株整体都有毒，其中鳞茎部分的毒性较大。水仙花的鳞茎和洋葱比较相似，偶尔会出现误食的情况。若食用了该部分，通常会出现呕吐、腹痛、出冷汗、呼吸不规律、体温上升、昏睡、虚脱等症状，严重者甚至会因痉挛、麻痹而死。

不过，水仙花的毒性同样也存在有利的一面，利用水仙花中提取的多种生物碱，可以制成镇痛的药剂，缓解病人的痛楚。

水仙的英文“Narcissus”来自希腊神话中的一位美少年那耳喀索斯，他深爱自己的美貌，在一池静水上看到他自己的影子，从此深恋不已，当他扑向水中拥抱自己影子时，便化为一株漂亮的水仙，自恋的英语单词就是源自这个故事。

摆在桌上的水仙有毒

水仙全株有毒，鳞茎毒性较大

其鳞茎与洋葱相似，偶尔会造成误食

误食之后，会产生一系列中毒现象

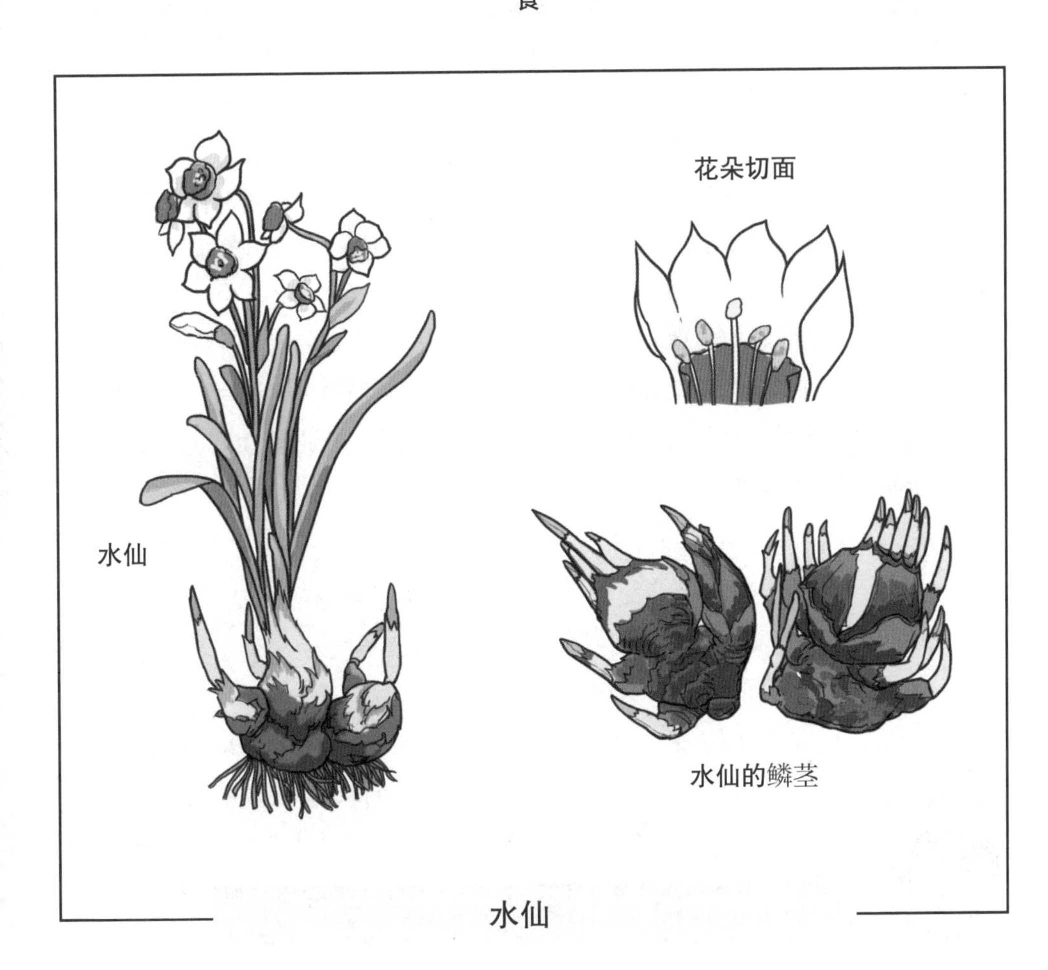

水仙

019 夜间排放有害废气——夜香木

小档案

中文学名：夜香木

原产地区：热带美洲及西印度

植株高度：1~3 米

开花时段：3~11 月

植株特性：白天不开花，晚上开花

适宜环境：温度高、湿度大

土壤要求：以肥沃的沙质土壤为最佳

夜香木算得上是开花植物中比较奇葩的一种，花朵不在白天盛开，而在夜间吐露芬芳。每当夜幕来临之际，夜香木的小花就会悄悄绽放，散发出浓郁的香气。

对于人类而言，好闻的气味比较具有吸引力，会让人忍不住驻足停留一会儿，享受嗅觉大餐。但夜香木所散发出的香气，其实是其内部排出的废气，非常不利于人体健康。尤其是某些过敏体质的人，在吸入花香后，很可能出现喷嚏不止、头痛、恶心、晕眩甚至呼吸困难等现象。因此，人们不宜在夜里长时间欣赏夜香木，或在树下乘凉，以免废气侵入体内，造成不适。而且夜香木的茎叶和花都含有毒素，若误食这些部位，便会引起相应的中毒症状，如：心跳加快、体温升高、肌肉痉挛或肠胃发炎等。

夜香木的花香虽然对人体有害，但也能够对付令人厌烦的蚊子。将其种植在庭院之中，可以起到一定的驱蚊效果。夜香木的种植比较简单，直接用扦插法即可。栽种时间以春季为佳，植株成活率最高。而夜香木在夏季开花最为旺盛，夏季也恰好是蚊子疯狂繁殖的时期。

几种晚上开花的植物

烟草花：花朵颜色多样，常见的有白、红、黄、紫 4 种颜色，开花时间一般在傍晚 6 点以后。

月光花：又名“嫦娥奔月”，每年的 8~10 月份为开花季节，一般在晚上 7 点左右开花，花朵为白色，形似满月。

昙花：也称“月下美人”，植株高度为 1~2 米。通常在晚上八九点之后才会开花，但花期特别短，3~4 小时就会凋谢。

香气浓郁的夜香木

夜香木花朵的香味
是自身释放的废气

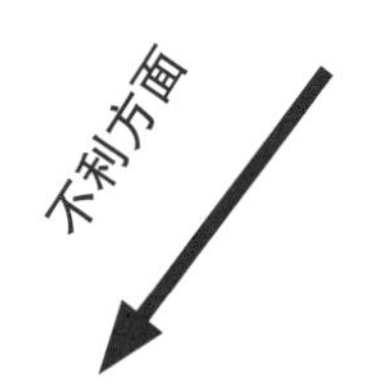

有害人体健康

驱赶蚊子

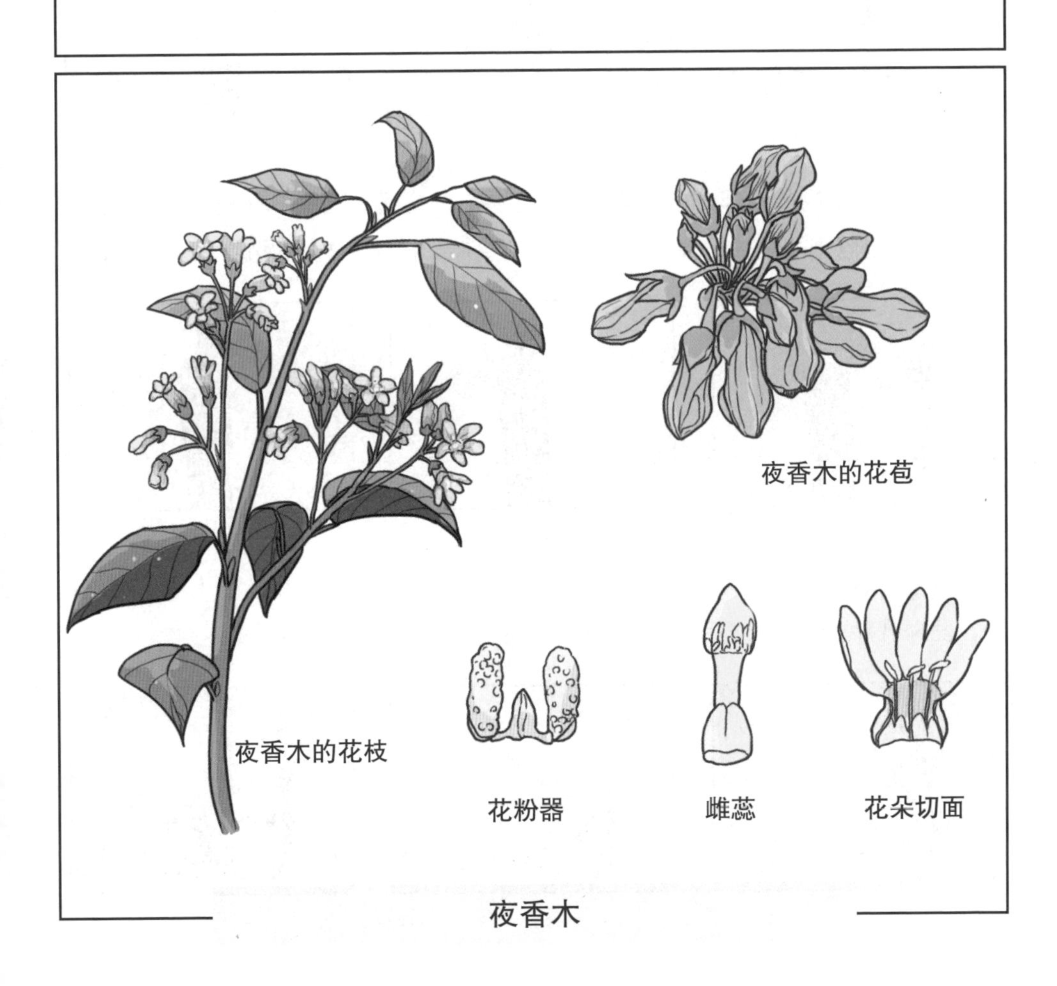

夜香木

专题7：繁殖植物常见的有哪几种方式

繁殖植物最普遍的方式莫过于直接用种子进行培育，即播种繁殖。除此之外，还有扦插、嫁接、压条等几种常见的方式。

扦插指的是利用截取植物一部分的营养器官（根、茎、叶），插入土中、沙中等适宜生长的环境中，让其逐渐生根，从而形成一株新的植物。或是将截取的营养器官浸泡在水中，等生根之后再进行栽培。

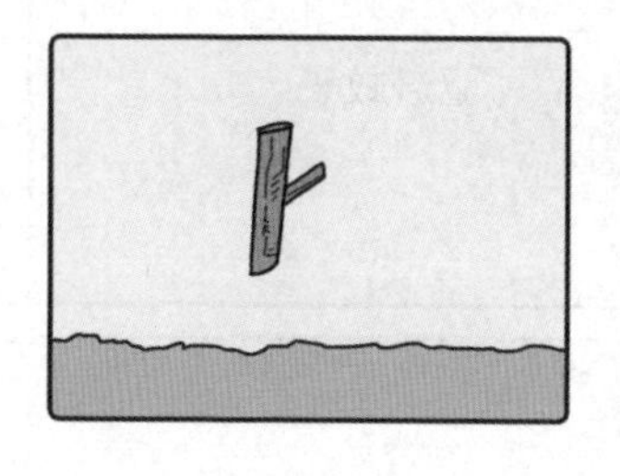

嫁接是将植物的一部分营养器官截取下来，然后固定在另一株植物上，使之结合在一起共同生长的方式。接上去的枝或者芽，叫作接穗，被接的植物体，叫做砧木。

压条指的是将植物的枝条或藤蔓的一部分压在土壤之下，让其在土壤中吸收养分，发育出新的根系，之后再与母株割离，形成新的植株。

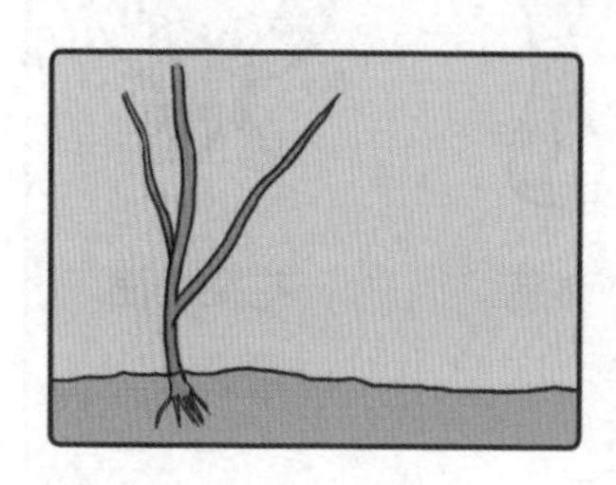
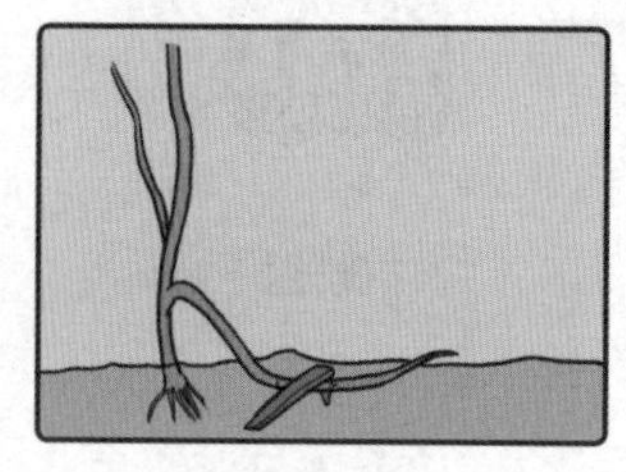
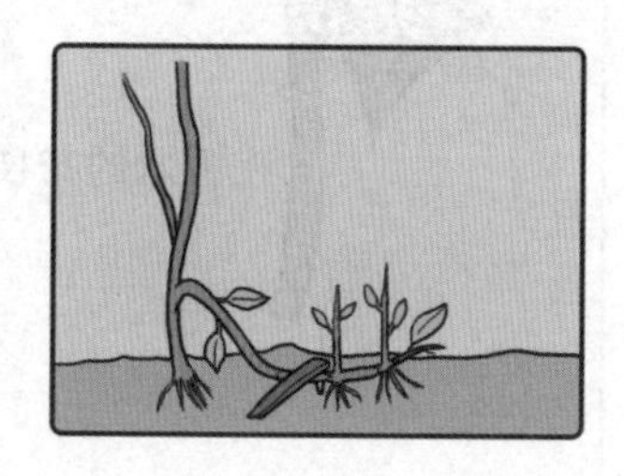

第二章
深藏不露的动物

020 超级繁殖大户——苍蝇

小档案

中文学名： 苍蝇

身份信息： 动物界 节肢动物门 昆虫纲 双翅目

分布区域： 呈世界性分布

生长过程： 卵——幼虫——蛹——成虫

生理特点： 一次性交配可终生产卵

传播疾病： 霍乱、痢疾等

天然敌害： 青蛙、壁虎、蜘蛛等

适宜温度： 30~35℃

阳光明媚的夏日，最不消停的就属苍蝇了，成天在人们周围打转，一会儿溜进厕所参观，一会儿又落在餐桌上发呆，嗡嗡之声不绝于耳，令人烦躁不已。直到夜幕降临这群家伙才不那么闹腾了。

苍蝇要在短短一个月的时间内就“谈恋爱”“娶媳妇”“生孩子”，完成传宗接代的重任，而且它们非常怕冷，一旦气温过低，就会自动开启“冬眠”模式，所以盛夏期间它们行事风风火火也算情有可原。

但事情却没有这么简单，苍蝇穿梭于人类的住所，将细菌和病毒散布到各个角落，导致人类患上痢疾、霍乱等疾病。大家都知道，它们有个非常经典的招牌动作——“搓脚”，第一对足高高抬起，相互摩擦，颇有一点跳舞的感觉。但这一点却害苦了人类，苍蝇从粪堆上、臭水沟里沾染的细菌，正是通过这种方式传递到了人类餐桌的食物中。更为可恨的是，它们还会在食物上排泄粪便，将更多的寄生虫卵和病毒带给了人类。若之后对食物消毒处理不够彻底，那么很有可能造成人类食物中毒。

- 苍蝇的消化系统工作效率极高，从处理食物摄取营养到将废物等排出体外只需短短十几秒甚至几秒时间。
- 苍蝇的味觉器官在脚上，它们飞到食物上面时会先用脚去蹭一蹭，品尝一下味道如何，之后才会正式开口。
- 苍蝇的幼虫蝇蛆，可制成饲料，用于喂养家猪，不仅营养丰富，而且有利于家猪增重。

苍蝇怎样将疾病传播给人类

经常在餐厅厨房出没
穿梭于人类的住所，

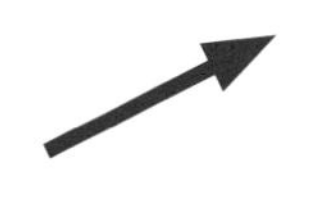

通过“搓脚”，将细菌和病毒带到食物上

将粪便排泄在食物上

成虫静止状　　苍蝇的内部结构

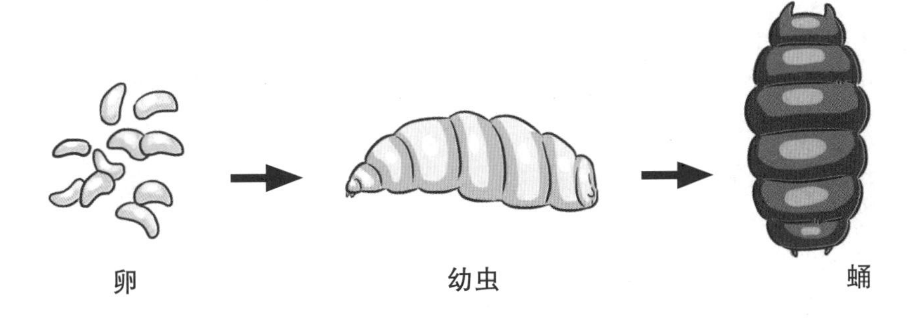

卵　　幼虫　　蛹

021 身披美丽外衣的毒物——毛虫

小档案

中文学名：毛虫

身份信息：动物界 节肢动物门 昆虫纲 鳞翅目 鳞翅目昆虫（蝶类或蛾类）的幼虫

分布区域：呈世界性分布

防御手段：伪装、模仿

外形特征：胸部具有3对足，腹部以及尾部大多为5对足；部分体表生长着有毒的刚毛

蜕变过程：蛹化之后只保留胸前的三对足，并生长出两对翅膀

每年的春夏之际是毛虫频繁出没的季节，有的浑身长毛，有的体表光滑，树林里、草丛中到处都有它们的身影。许多毛虫外形可爱，备受孩子们的喜欢，有的还会将其拿在手中把玩。但“悲剧”往往在不经意间酿成的，也许在亲密接触之后，你就会发现皮肤产生了火辣辣的疼痛感，而且奇痒无比，甚至出现成片的红色丘疹。没错，这正是毛虫干的好事。

由于毛虫本身十分柔弱，因此多是靠警戒色、气味、毒素来保护自己。以斑蝶的毛虫为例，其体表多有黄、白、黑相间的条纹或颜色明显的色块，这些警戒色常常令天敌不敢靠近。毒蛾的毛虫保护自己的手段更为直接，毒蛾的毛虫长有成簇的毒毛，腹部和背侧面有很多瘤状突起，那就是毒腺细胞的所在。每个毒腺细胞连接了一根有毒中空的毒毛，与人皮肤接触后，端部折断毒液流出，让皮肤瘙痒疼痛红肿。不同种类的毛虫刺激皮肤的反应也不相同，有的只是出现短暂瘙痒，有的痛痒症状则可持续几小时或更长时间，严重时皮肤上的红疹还会形成水疱。

毛虫的分布十分广泛，简直有点防不胜防。尤其是在炎热的夏天，大家都喜欢到树荫下乘凉，更需要多加注意，尽量戴上宽边草帽或遮阳帽，避免毛虫掉进衣领。倘若毛虫不慎掉到身上，切忌胡乱拍打，应轻轻将其抖落，防止刺毛扎进皮肤。如果皮肤上有残留刺毛，则可用医用胶布及时粘除，以免毒液渗入皮肤。在无法快速获取医用胶布的情况下，透明胶带也可以代替。去除毛刺后若仍感觉瘙痒，切忌动手抓挠，否则症状将会加重。

令人讨厌的绒毛

把玩毛虫

刺毛扎入人体

导致皮肤产生疼痛

严重时出现红色丘疹

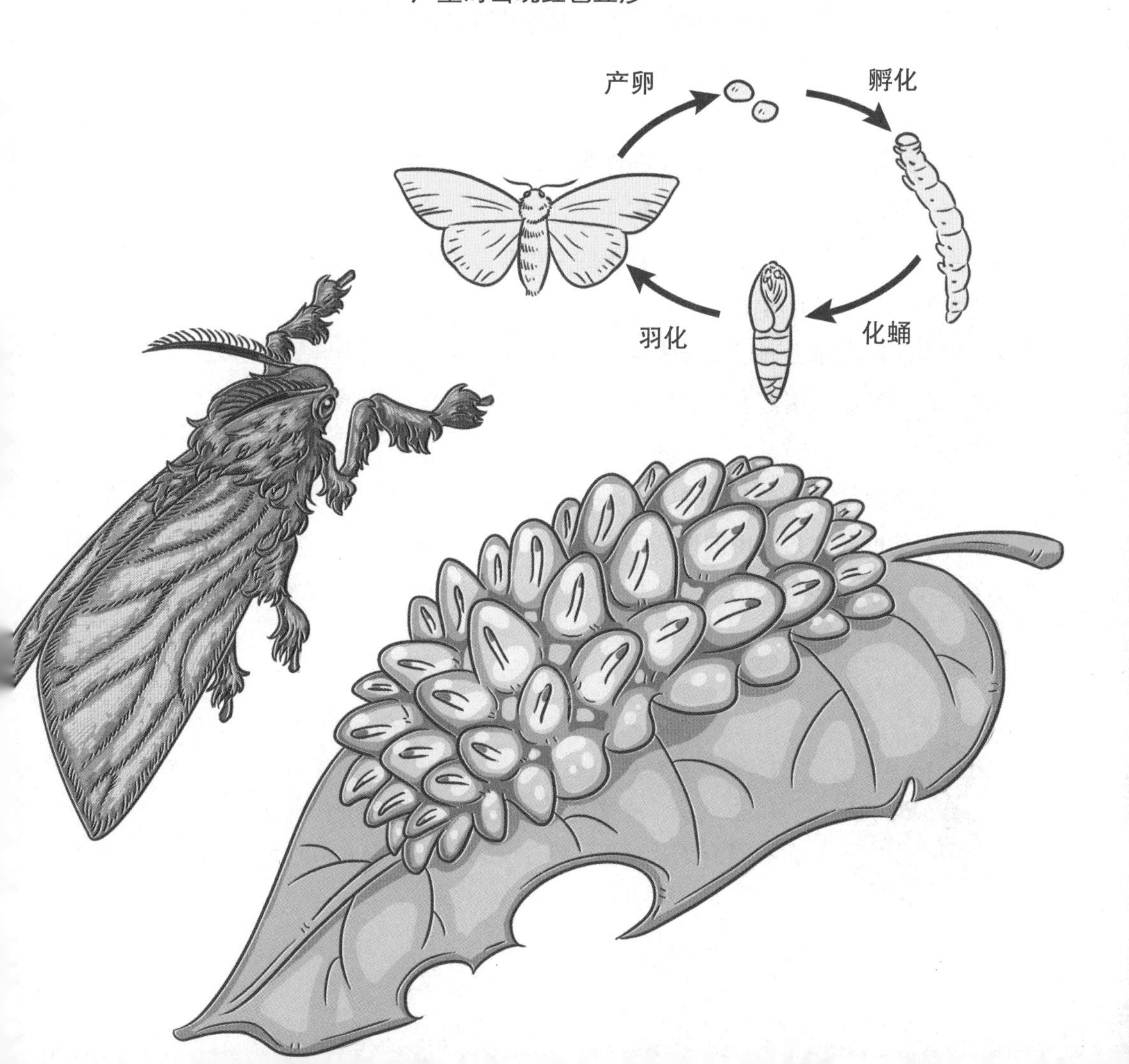

022 讨厌的吸血鬼——蚊子

小档案

中文学名：	蚊子	**分布区域：**	除了南北两极，世界各地均有分布
身份信息：	动物界 肢节动物门 昆虫纲 双翅目	**平均寿命：**	雌性成虫：10~20 天 雄性成虫：3~10 天
生长过程：	卵——幼虫——蛹——成虫	**飞行速度：**	1.5~2.5 千米 / 时
主要种类：	按蚊、库蚊、伊蚊	**传播疾病：**	丝虫病、疟疾、登革热等

蚊子着实是一种令人讨厌的昆虫，虽然它们个头很小，毫不起眼，但攻击性却非常强悍。根据估计，全球每年约有 7 亿人被蚊子传染各种疾病，每 17 人中就有 1 人死于被蚊子传染的各种疾病。尤其是在热带地区，多种传染病常借由蚊子传染给人类。不过，在大多数温带国家，被蚊子咬通常只会发痒，而不至于造成更严重的后果。

由蚊子传播的疟疾，在非洲许多地区如同瘟疫一样，令人头疼，每 5 秒钟就会有一个低龄的孩童因为感染疟疾而死，当地人简直恨透了蚊子这个可恶的家伙。但事实上，蚊子顶多算是帮凶，真正的主谋是隐藏在其体内的恶性疟原虫，它们才是令人类患病的根源所在。

当恶性疟原虫通过蚊子吸取血液进入人体后，会感染肝脏细胞然后大量繁殖并破坏肝脏细胞，引起发冷、发热、呕吐、大量出汗、疲惫等各种症状，严重时危及生命。

所幸的是，早在 17 世纪的时候便有药物可以有效治疗该疾病，只可惜在撒哈拉沙漠以南的非洲最贫困的地区很难获得，因此导致目前许多病患仍需忍受痛苦。除了疟疾，蚊子还是登革热、黄热病、丝虫病、日本脑炎等众多病原体的中间宿主，令人不得不防。

在卧室内放置一些清凉油和风油精或摆放一两盆夜来香、薰衣草、七里香、食虫植物（如猪笼草等）、逐蝇梅、驱蚊草、紫茉莉、万寿菊、茉莉花、杜鹃花、米兰、丁香、薄荷或玫瑰等，蚊子会因不堪忍受它们的气味而躲避。

蚊子跟疟疾之间有什么联系

蚊子可以传播疟疾  叮咬人类

在吸血的过程中，将疟原虫的虫卵带进人体

疟原虫的虫卵在人体中继续发育

人类感染疟疾

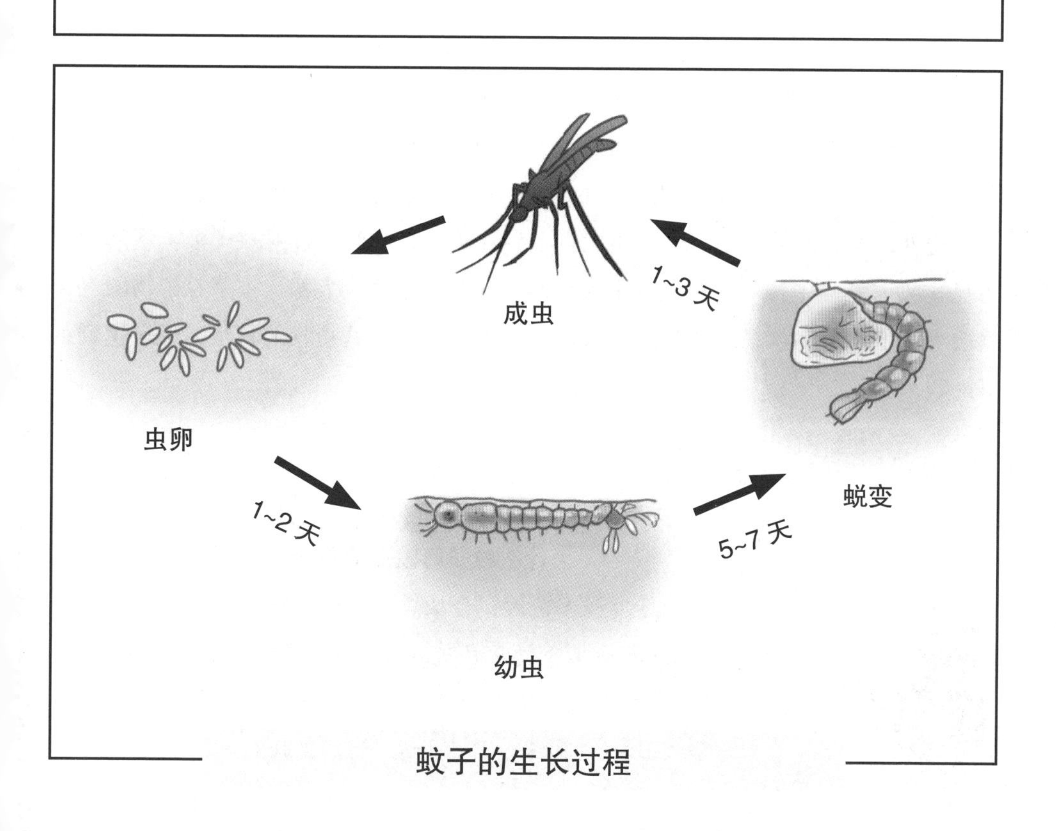

蚊子的生长过程

专题8：蚊子通过什么方式寻找下手目标

炎热的夏天是蚊子肆虐的季节，无论人们身在何处，蚊子总是如影随形，不绝于耳的嗡嗡声令人烦躁。有意思的是，在生活中有的人特别招蚊子“喜欢”，而有的人则几乎不被理睬。

事实上，蚊子在寻找吸血目标的时候，并不是盲目任意为之，而是具有一定的选择偏好。能够引起蚊子注意的第一大要素就是二氧化碳。蚊子对空气中二氧化碳的浓度变化非常敏感，而人类呼气中释放出的二氧化碳，会令空气中二氧化碳有所上升，很可能引起蚊子的注意。尤其是人们在剧烈运动或者进行体力劳动之后，呼吸频率会比正常情况快很多，更容易被蚊子盯上。

其次，便是视觉上的感受。在发现周围空气中二氧化碳的浓度有所提高之后，蚊子就会利用眼睛“排查”视野里出现的事物。观察周围是否有可供吸血的生物存在，对之前的判断加以确认，并适当接近目标。但若是空气中的二氧化碳没有产生变化，蚊子就不会关注视野中的生物。

另一方面，蚊子对温度也十分敏感，体温升高也是蚊子锁定目标的重要条件之一。夏季出汗多的人肌体散热较快，而这点少许的温差很容易被蚊子察觉，并吸引它们前来。同时新陈代谢快也会成为蚊子的目标，因此小孩比老人被蚊子叮咬的几率更大。

此外，气味对蚊子的影响也很大。不少化妆产品的气味都对蚊子极具诱惑力，可见化妆人士“中招”的可能性更大。而月桂叶、艾草、大蒜、香茅等植物的气味就会令它们十分讨厌，因此许多驱蚊产品中都会加入这些植物的精华，以求达到更好的效果。

明仔科普时间

为什么蚊子叮咬后会很痒

当蚊子叮咬人类时，会从口器输出唾液。其唾液含有蚁酸、抗凝血化合物及目前成分不明的蛋白质，人体的免疫系统的肥大细胞会释放出一种称为组织胺的物质，以便对抗蚊子所带来的外来物质，造成皮肤发痒和红肿。

蛟子如何锁定目标

蚊子锁定目标的步骤

感受周围空气中二氧化碳浓度的变化

发现二氧化碳浓度上升后用眼睛确认目标

逐步接近之后叮咬目标对象

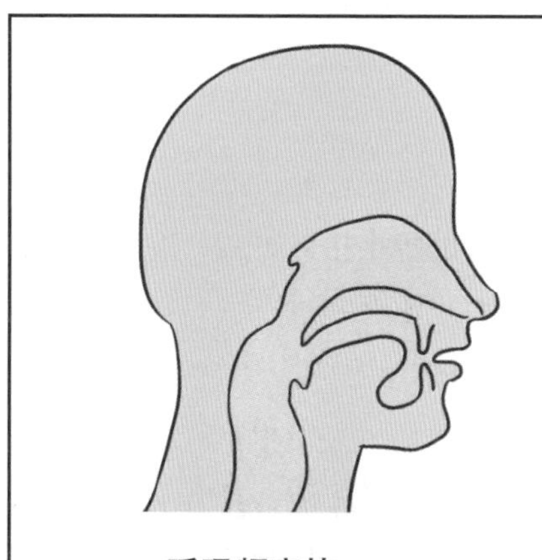

呼吸频率快

体温高

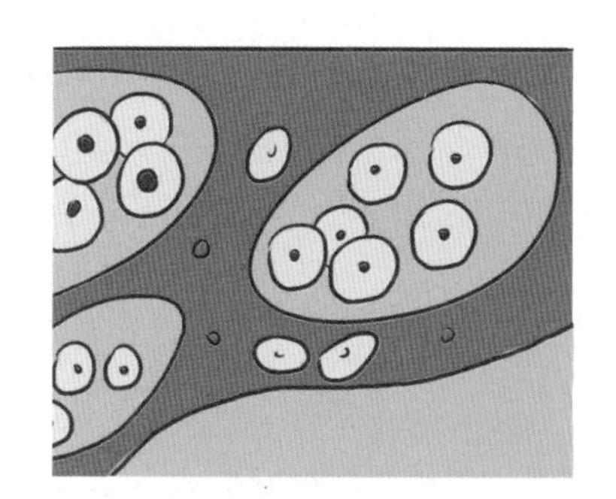

新陈代谢快

身上气味招蚊子喜欢

吸引蚊子的主要因素

023 力大无比的搬运工——蚂蚁

小档案

中文学名：蚂蚁

身份信息：动物界 节肢动物门 昆虫纲 膜翅目

生长经历：卵——幼虫——蛹——成虫

生活特点：群居，具有社会性，个体之间分工明确

种群分工：蚁后、雄蚁、工蚁、兵蚁

抚养方式：幼虫不能自主进食，由群体中的工蚁负责喂养

外形特征：一般没有翅膀，只有繁殖蚂蚁有翅膀，但交配后就脱落

在中国，人与人之间发生口角的时候，经常会用“对付你，简直比捏死一只蚂蚁还要简单”来表达自己的愤怒以及不屑。因为，在大多数人的眼中，蚂蚁非常弱小，根本不堪一击。但是，如果将蚂蚁等比例放大至人类的体型，估计人类就会收回之前的话了。

以自身体重作为衡量标准的话，任何一只蚂蚁都可以轻松举起重量是自身几十甚至上百倍的物体。人们经常能看见一群蚂蚁将死去的蝗虫抬回巢穴，而人类通常只能举起 3 倍重量左右的物体，就算是世界举重冠军也不会超过自身重量的 5 倍。由此可见，人类之所以敢“大言不惭”，完全是仰仗着体型优势。

不过，人类并不会随意招惹它们。虽然蚂蚁在体型上跟人类相差甚远，但它们有着自己的独门武器——蚁酸。蚁酸是蚂蚁分泌的一种无色体液，具有刺激性气味和腐蚀性。人类的皮肤，若是接触到蚁酸就可能出现起水泡、红肿等症状。由于蚂蚁很喜欢吃甜食，类似蜂蜜、蛋糕、麦芽糖等美味非常容易吸引它们，因此，也可能会在人类的食物上留下蚁酸。人类进食含有蚁酸的食物后，可能会对消化道黏膜产生刺激，令人感到不适。一般情况下，蚂蚁体内的蚁酸并不足以对人类造成危害。但如果是高浓度的蚁酸，其腐蚀性就非常强，人体皮肤不能直接与之接触，否则会受到严重伤害。

甲酸又称作蚁酸，因人们最初蒸馏蚂蚁时制得蚁酸，才有此名。甲酸的熔点为 8.4℃，沸点为 100.8℃。在化学工业中，甲酸被用于橡胶、医药、染料、皮革等工业。

蚂蚁也不能小觑

蚂蚁的“过人之处”

- 力量惊人（能够举起自身重量几十至上百倍的重物）
- 分泌蚁酸（具有腐蚀性，能够造成人体皮肤红肿、起水泡）

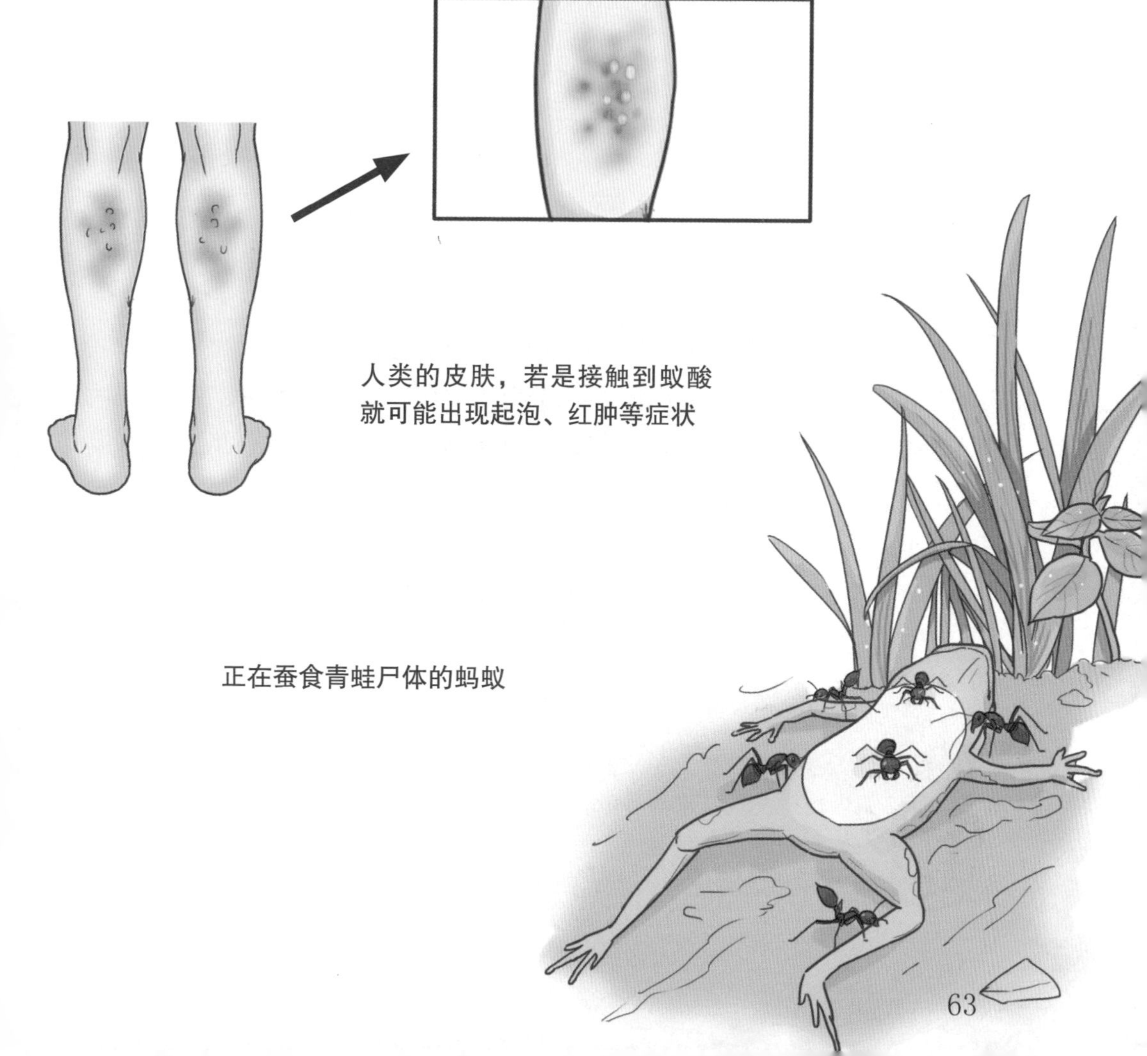

人类的皮肤，若是接触到蚁酸就可能出现起泡、红肿等症状

正在蚕食青蛙尸体的蚂蚁

024 战斗力极强的团伙——黄蜂

小档案

中文学名： 黄蜂

身份信息： 动物界 节肢动物门 昆虫纲 膜翅目

生长过程： 卵——幼虫——蛹——成虫

外形特征： 成虫体表多呈黑、黄、棕三色相间，长有较短的茸毛

取食特点： 幼虫时期大多以毛虫为食，成虫则采食花蜜

生活习惯： 群居，具有明显的社会行为，所有成员各司其职

天然敌害： 乌鸦、喜鹊、壁虎、蜘蛛等

俗话说：“初生牛犊不怕虎。”因此人类在童年时期往往干出一些大胆冒险的事情，比如：掏鸟蛋、抓螃蟹、捅马蜂窝等。许多孩子因为贪玩总忍不住招惹一些小动物，殊不知一旦惹恼了它们吃亏的可是自己。以黄蜂为例，你若闹得它们“家破人亡”，它们一定不会轻易放过你。

黄蜂具有很强的攻击性，雌蜂的腹部末端生长着一根螯针，可释放体内的毒素，人类如果被蛰，很可能引起肝、肾等内脏功能衰竭，严重时还会有性命之忧。黄蜂可不像蜜蜂那样在蜇人后就随之殒命，因此它们攻击时会更加肆无忌惮，假如贸然前去骚扰必将自食恶果。而且黄蜂通常结群行动，所以发起攻击时容易形成包围之势，让对方难以逃脱。

虽然黄蜂的攻击力十分惊人，但比起杀人蜂却还是逊色很多。杀人蜂的凶猛程度在昆虫界几乎无可匹敌，无论是人类还是大型家畜都曾惨遭毒手，就连丛林之王狮子也会尽量避开它们。但事实上杀人蜂并不是大开杀戒的恶魔，由其造成的伤亡事件并不算多，反倒在酿制蜂蜜方面颇有心得，为人类社会创造了非常可观的收益。

被黄蜂蜇伤后怎么办

被黄蜂腹部的毒针蜇伤会引起中毒反应，局部组织坏死，过敏性体质的人可引起急性肾功能、肝功能衰竭。若是胡蜂蜇伤，要立即检查蜇伤处，挤出毒液，涂抹食醋中和毒液，还可涂皮炎平、南通蛇药等缓解，然后立即就医。

黄蜂与蜜蜂的区别

黄蜂	蜜蜂
蜇人释放毒液	蜇人释放毒液
螯针上无钩，可以发起多次攻击	螯针上有钩，在蜇人后会因内脏被拖出而死

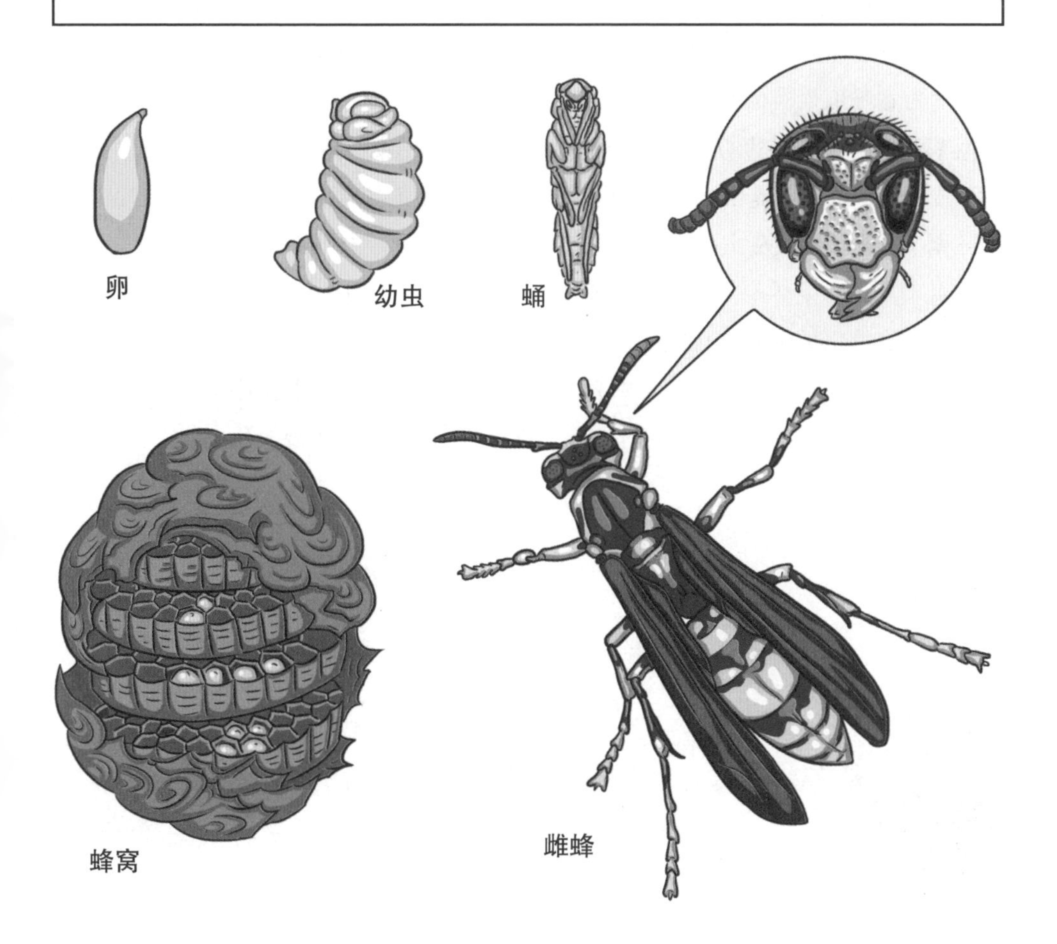

025 带有恶臭的“抽血泵”——臭虫

小档案

中文学名： 臭虫

身份信息： 动物界 节肢动物门 昆虫纲 半翅目

分布区域： 呈世界性分布

外形特征： 身体宽扁近似椭圆，通体长有细毛，体表为红褐色

生活习惯： 群居、主要在夜间活动

生理特征： 身体具有一对臭腺，能够分泌出有臭味的物质

生长过程： 卵——若虫——成虫

昆虫王国里有两个臭名昭著的家伙，一个是椿象，另一个就是臭虫。它们所释放出的异味非常难闻，而且还有如高档香水般经久不散的“优点”，让人难以忍受。好在椿象平时跟人类的交集不算太多，不必太在意，但臭虫就不一样了，它们肆意地闯进人类的住所，藏身于卧室的床板之中，待人类熟睡之时便趁机吸取血液。

臭虫在吸取血液的时候非常有策略，同水蛭一样，它们会一边向人体释放出抗凝血剂和麻醉剂，一边吸食人类的血液，以便在“作案”后逃之夭夭。等到人类察觉到皮肤痒痛之时，臭虫早就不知所踪，但皮肤上留下的红肿印记就是它们“犯罪”的证据。若是长期被臭虫骚扰，还可能引起过敏、失眠、体虚等症状。

由于臭虫对生活条件一点也不挑剔，房间的任何边边角角都可以成为它们的容身之所，在墙纸的缝隙中也能存活，所以要想彻底驱除绝非易事。其成虫的忍饥挨饿能力也特别强，可长达一年不吸食血液。所以不仅要及时打扫室内卫生，而且需要多次喷晒杀虫剂进行杀虫，同时还可用热水擦拭家具，以高温烫死虫卵。

跟臭虫“臭味相投”的椿象

椿象别称“放屁虫”。当其受到攻击时，可以从腹部的顶端释放出大量的毒雾喷向对方。为了制造这种“臭屁”，它们会用体内的一种腺体，存储不同的化学物质。必要时，就会将其混合于“燃烧室”内。由此生产的毒雾通过外骨骼中的排气孔释放出来，有时还可能伴有声音。非洲的某些放屁虫还拥有一个轴心喷嘴，这种装置可以令毒雾炸弹的威力倍增。

非常有策略的吸血战术

趁人熟睡展开行动，毒性较大

释放抗凝剂血剂和麻醉剂，同时吸血

吃饱喝足之后逃之夭夭

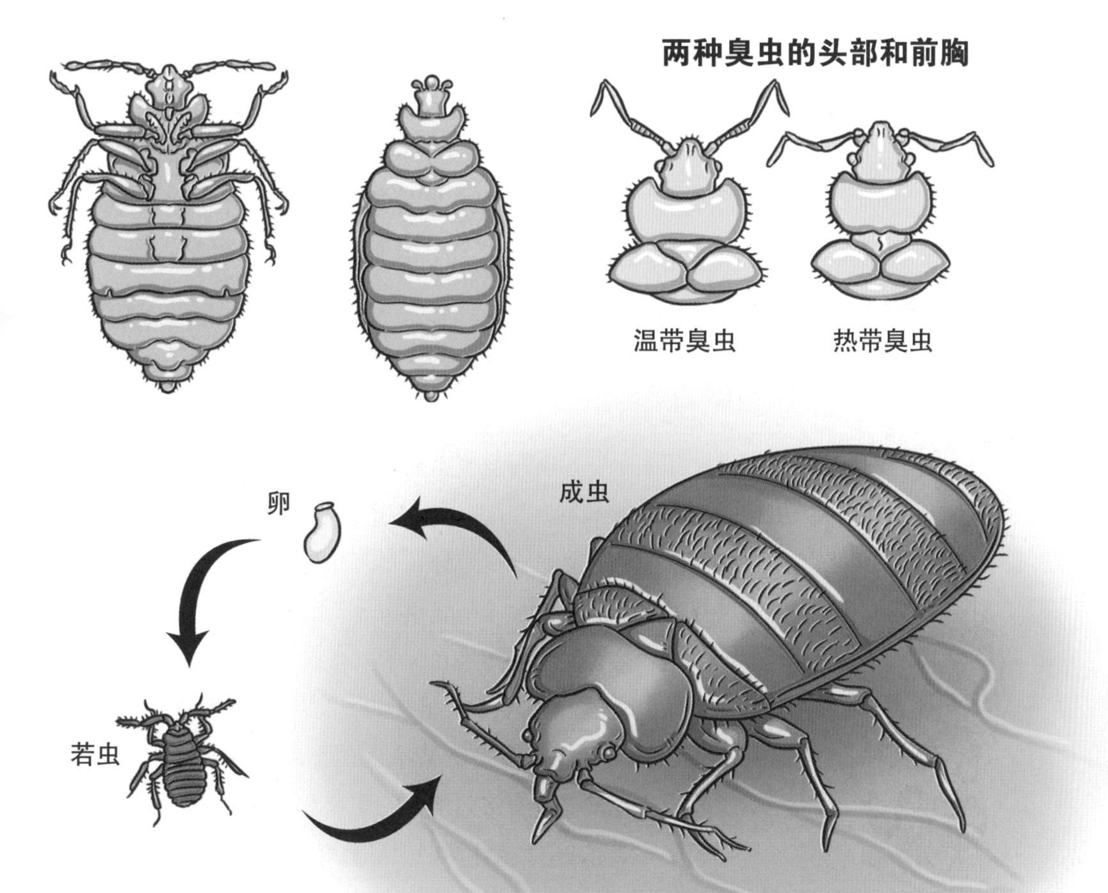

专题 9：动物散发的气味有什么作用

臭虫的身体上具有一对能够分泌臭味的腺体，在其所到之处都会留下非常难闻的气味，椿象也是如此。可动物们释放这些气味有什么用呢？

对于昆虫而言，散播气味主要是为了传递信息。以蚂蚁为例，它们在发现食物之后，通过双方触角的接触会将信息带给自己的同伴。而触角就是蚂蚁的嗅觉感受器，同伴接收到信息之后就会配合整个团队的行动。同时蚂蚁的行进路线也是由气味确定的，每只蚂蚁走过的地方都会留下一部分气味，而后面的蚂蚁就可以沿着气味继续跟上。所以经常能看见蚂蚁排成一条线，来来回回地搬运食物。而生活在海洋中的鱼类也是如此。有些鱼类的皮肤受到伤害之后，会释放出特殊的气味，告诉同伴提高警戒。当这些气味在水中传播开来，同伴们就马上四散而逃。

至于哺乳动物，它们不仅会用气味传递信息，还以此来分辨自己的后代。母畜通过分辨气味来确认自己幼崽并加以照料，幼崽则借助气味将生母与群体中其他雌性区别开来。利用这种方式，即便是生活在数以万计的群体中，也不至于母子失散。另一方面，哺乳动物也会将气味用于标记地盘，警告其他同类远离。雄狮会在其所管辖的区域内将尿撒在树上，其尿液散发的气味，表明这块地盘已经被占据，警告其他雄性不准靠近。

综上所述，气味对许多动物的信息交流、哺育后代、管理地盘等多方面都非常重要。

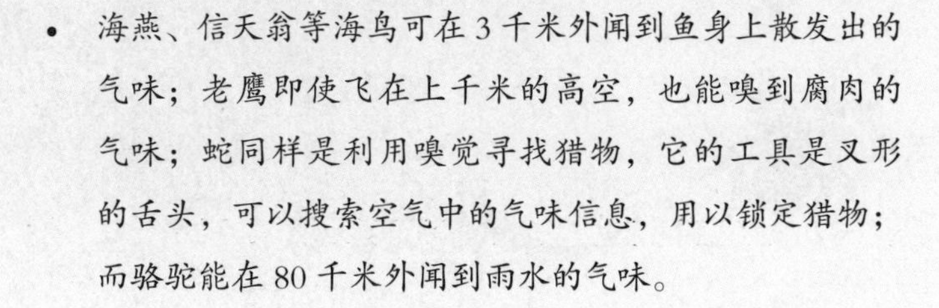

- 生活在美国加利福利亚州的一些小松鼠，会将响尾蛇褪下的蛇皮嚼碎，然后用嘴涂抹在自己的皮毛上。这样一来，它们在洞中睡觉时就可以起到迷惑敌害的作用，让其误认为里面躺着的是响尾蛇。
- 海燕、信天翁等海鸟可在 3 千米外闻到鱼身上散发出的气味；老鹰即使飞在上千米的高空，也能嗅到腐肉的气味；蛇同样是利用嗅觉寻找猎物，它的工具是叉形的舌头，可以搜索空气中的气味信息，用以锁定猎物；而骆驼能在 80 千米外闻到雨水的气味。

动物为什么会散发出气味

动物散发气味的主要目的

传递信息

分辨后代

标记地盘

※ 动物还可以利用气味进行伪装防御

臭鼬释放臭屁以便逃跑

026 分泌致命毒药的甲虫——斑蝥

小档案

中文学名： 斑蝥

身份信息： 动物界 节肢动物门 昆虫纲 鞘翅目

外形特征： 甲壳色泽明亮呈荧光绿色，触角与腹部长度接近

食物来源： 幼虫时期进食蜂蜜
成虫时期啃食植物的芽以及花等部分

原产地区： 南欧与中亚

斑蝥体表拥有着如苍蝇头部一般的荧光绿色，因而被称为西班牙苍蝇。但它跟苍蝇并没有多大关系，只是同属于昆虫纲而已。

斑蝥最开始广为人知是因其体内能够分泌斑蝥素，这种化学物质具有很强的毒性，能够刺激动物的细胞组织，一旦剂量过多，就会对器官造成永久性损伤甚至死亡。

另一方面，服用斑蝥制成的粉末，还会发生失眠和精神紧张等现象，所以也被用兴奋剂。由于其毒性强烈，甚至有人将斑蝥粉末与砒霜混合，制成致命的毒药。当然，只要不将斑蝥吃进肚子里，就不会有性命之忧。即使皮肤不小心沾到斑蝥素，也顶多产生水泡而已。

如今，人类社会对斑蝥的使用已经进行了非常严格的管理。例如：在美国，除了畜牧业和医疗领域，其他各行各业都被严令禁止使用斑蝥。

明仔科普时间

鲁迅先生在《从百草园到三味书屋》一文中曾这些写到：“翻开断砖来……还有斑蝥，倘若用手指按住它的脊梁，便会拍的一声，从后窍喷出一阵烟雾。”这里所说的“烟雾”其实就是斑蝥分泌的斑蝥素。

斑蝥为何在生产行业受到严格管制

斑蝥能够分泌有剧毒的斑蝥素

皮肤沾上斑蝥素——生成水泡

服用斑蝥粉末——对器官造成永久性损伤甚至死亡

※美国有条例明文规定，除了畜牧业和医疗领域，其他行业均禁止使用斑蝥

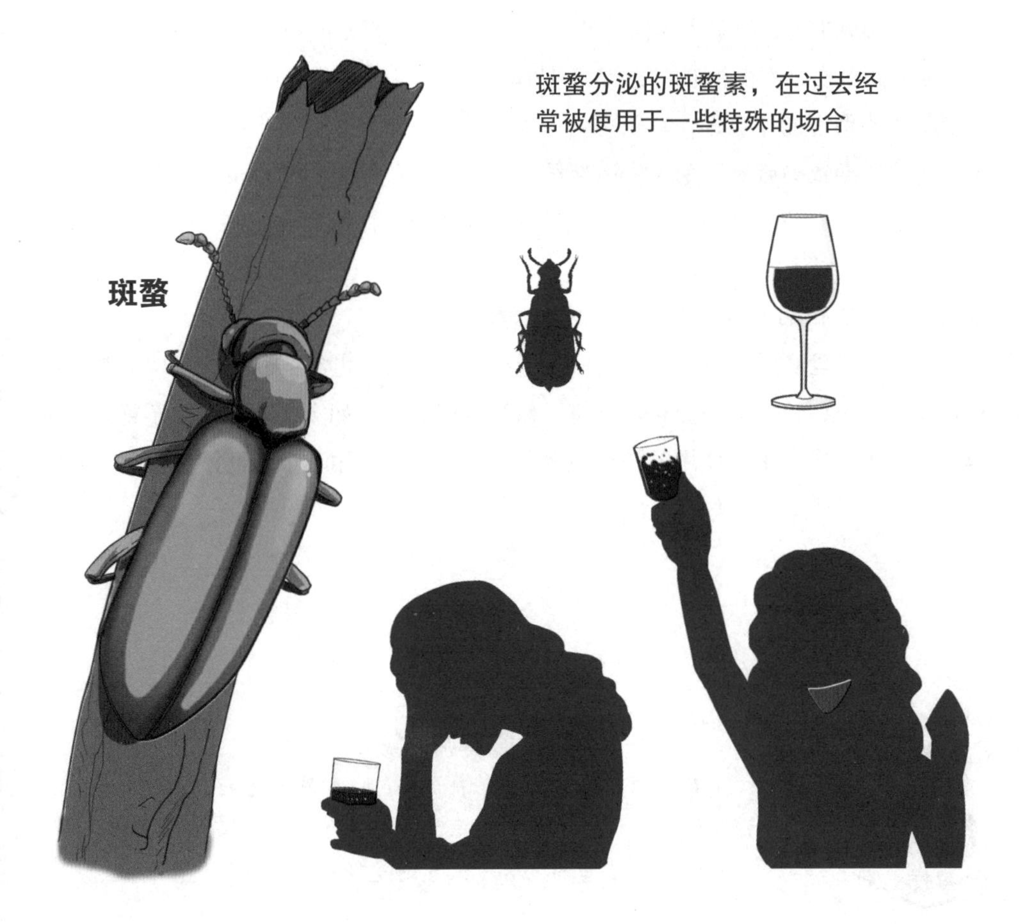

027 骑在头顶撒野的小虫——虱子

小档案

中文学名：虱子
宿主构成：人类以及大部分哺乳动物
传播疾病：流行性斑疹伤寒、战壕热、回归热等
感染症状：皮肤瘙痒、丘疹
食物来源：宿主的血液、毛发、皮屑等
种类数量：全世界约有 3000 种
外形特征：体型较小，无翅膀，身体呈扁平状

虱子的种类繁多，主要寄生于各种哺乳动物身上。以人类为宿主的虱有三种：头虱、体虱和阴虱。头虱寄生于人类头发中，体长约 3 毫米，头虱产卵于发根处，头虱的卵别称虮（jǐ）子；体虱寄生于人类躯干和四肢，不吸血时会隐藏于衣物缝隙褶皱内；阴虱主要寄生于人体体毛处，体形比头虱、体虱小，仅有 1 毫米左右。

虱子跟跳蚤有不少相似之处，无论是体型、食性，还是寄生对象都比较接近。不过，虱子给人类留下的印象远比跳蚤更为深刻，尤其头虱，它们寄生在人的头部，吸取血液为食，导致头虱病，令人瘙痒难忍，甚至造成毛囊炎、疖（jiē）肿、脓肿，重者可能会永久性脱发。加上头虱可能带有其他病菌，在吸食人的血液时会传播其他疾病。而且，虱子的繁殖能力非常强，雌虫一旦成形便可受精产卵，每天能产下 3~7 颗虫卵，若是不及时清除的话影响非常严重。

以前，一旦被虱子寄生，很难清除干净，因此在中世纪的欧洲，贵族们常常会彻底剃光头发，让虱子失去寄生环境，然后佩戴假发。如今，若是被虱子寄生，可以用百部（可作为中药使用的一种植物）熬水洗头，或用毛巾在药液中浸湿后长时间包裹头发，都能起到不错的灭虱效果。

律师的假发

在英国法律界流传一种说法：假发戴得越久，颜色越深，证明资历越深。从而“旧假发”成为了律师们展示资历的一种手段，而法官的老古董假发则是经验丰富的标志。

虱子与假发的渊源

虱子寄生头部 → 令人感到痛痒难忍 → 剪去头发缓解症状 → 影响美观 → 佩戴假发

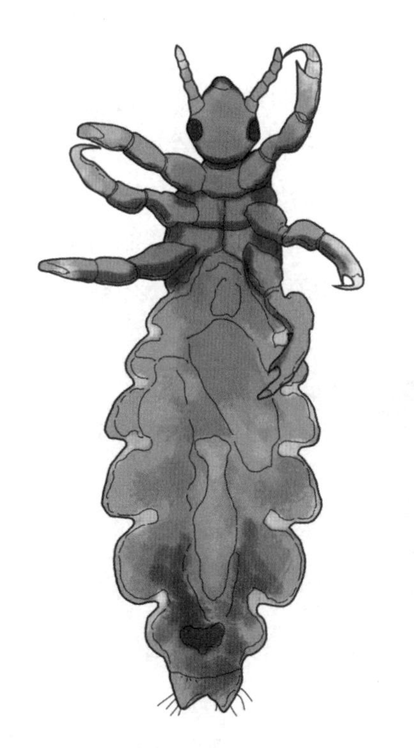

寄生在人头部的虱子叫头虱，呈褐色或灰色，有头、胸、腹三部分，以及六只脚

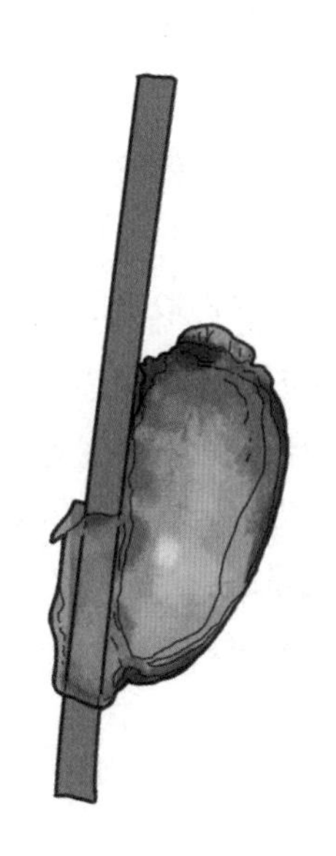

雌性的头虱在头皮附近的毛发上产卵，虫卵要用高倍的放大镜或显微镜才看得清楚

028 贪得无厌的吸血者——蜱虫

小档案

中文学名： 蜱虫

身份信息： 动物界 节肢动物门 蛛形纲 真蜱目

宿主构成： 哺乳类、鸟类、爬虫类、两栖类等

活动范围： 大约在数十米之内

传播疾病： 科罗拉多蜱热、巴贝西虫病、埃利希氏体病等

分布地带： 森林、灌木林、草原以及半荒漠地带等

最近这几年，随着各种以旅游为主题的真人秀不断热播，人们对户外活动的热情也跟着高涨。许多家庭都会选择在闲暇时期，开车前往野外展开烧烤或是露营等活动。

当人们玩得不知疲倦的时候，危险也正在慢慢靠近。草丛中饥肠辘辘的蜱虫们早已枕戈待旦，一有机会便扑上去吸食人类的血液。它们虽然弱小，但是非常善于保护自己，专挑头部、颈部、腋下、腹股沟等人体皮肤较薄，难以被骚动的部位下手。

蜱虫的胃口很大，能够吸取相当于自身体重数十倍的血液。它们在进餐前后简直“判若两人”，从最初如芝麻般干瘪的黑点，最后膨胀成身宽似硬币的胖子。

它们取食的手段非常残忍，先用强有力的颚体口器将皮肤表面划开一道口子，之后以布满锯齿的口下板片突起处扎入伤口吸取血液。蜱虫一旦咬住，就不会轻易松口，直到吃饱喝足后才会自行离开。

由于它们的体型较小，通常都是等到身体逐渐变大之后人类才有所察觉。不过，蜱虫吸取的血量，并不足以对人体健康造成妨碍。但在其吸血的过程中，很可能传播各种病毒或细菌从而导致人类患上疾病。

户外活动注意事项

- 建议穿着浅色系的衣服，一旦蜱虫掉落到衣服上容易被发现；
- 被蜱虫咬伤后，不宜直接将其捏拽下来，以免口器折断在皮肤内。尽量使用尖头镊子贴着皮肤将其夹住，完整地拖出。

如何处理伤口上的蜱虫

用手拍死

用镊子贴着皮肤将其夹住，完整拖出

雌性蜱虫

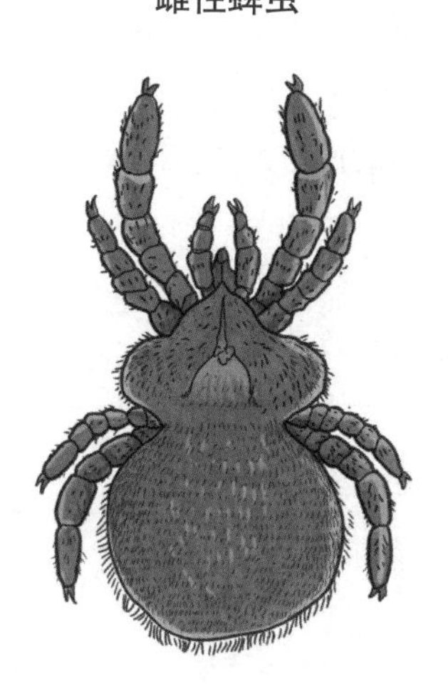

雄性蜱虫

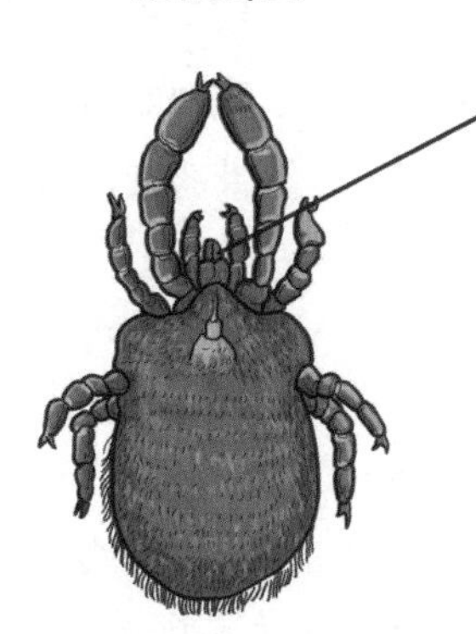

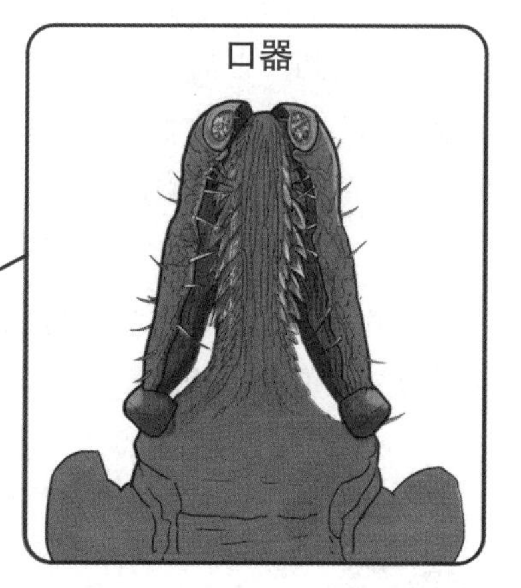

029 藏身于地毯中的刺客——跳蚤

小档案

中文学名：跳蚤

身份信息：动物界 节肢动物门 昆虫纲 蚤目

生长过程：卵——幼虫——蛹——成虫

适宜环境：温度 21~30℃ 湿度 70%

外形特征：腹部宽大，分为九节，第三对足发达，比较粗壮

分布区域：呈世界性分布

宿主构成：哺乳类、鸟类

从小档案中可以看出跳蚤是昆虫中的一种，但仔细一看又好像有点不对劲，因为它们缺少了翅膀（身躯三段：头、胸、腹，一对翅膀、三对足、一对触角是昆虫的基本特征）。

不过，大部分学者认为跳蚤的祖先应该具有翅膀，只是由于其体表布满生长着体毛，翅膀在活动的时候容易受到影响就逐步退化了。不过，没有翅膀并没有给跳蚤的活动造成很大的限制。其强壮的后腿犹如弹簧一样富有力量，一次跳跃可达自身体长数十甚至数百倍的距离。

跳蚤具有 4 个生命周期：卵、幼虫、蛹和成虫。成虫必须吸血才能进行繁殖，当跳蚤达到成熟阶段，它的主要目标就是寻找血源，而后进行繁殖。成虫在出茧后只有一个星期的时间来寻找食物，在这之后，哪怕几个月不进食它们也能生存下去。

跳蚤是如何寻找宿主的呢？跳蚤的成虫在没有宿主的时候会躲在沙、缝隙、床单、地毯中休息，直到它们通过一些信号知道宿主来了。这些信号可以是震动、声音、体热和二氧化碳。它们选择宿主最重要条件只有一个：具有绒毛，人类也不例外。

由于跳蚤会转移宿主，因此可能从其他动物如猫、狗等宠物以及老鼠身上转而寄生在人身上，这一过程会将原本宿主所携带的细菌、病毒传染给人，导致鼠疫等多种致命的疾病。

- 饲养猫、狗等宠物的家庭，应保持宠物的卫生，避免滋生跳蚤等寄生虫；
- 在使用相应的杀虫剂消灭跳蚤时，还应将墙壁和地面上的孔洞用石灰或泥巴填平，更大程度地避免二次滋生。

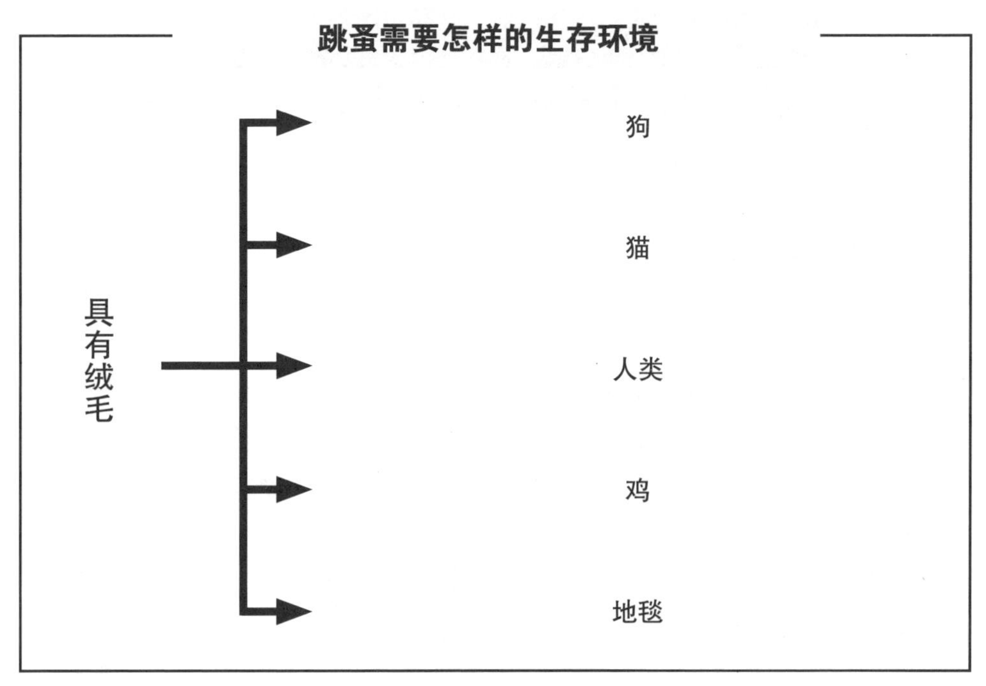
跳蚤需要怎样的生存环境
具有绒毛
狗
猫
人类
鸡
地毯

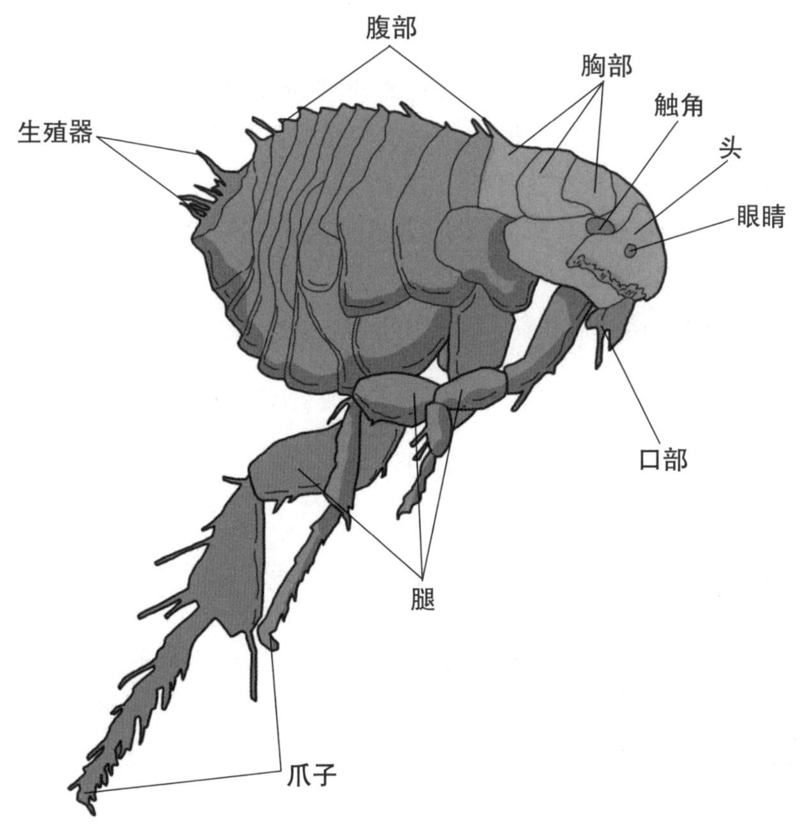
腹部
胸部
触角
生殖器
头
眼睛
口部
腿
爪子

专题 10：跳蚤叮咬会传染艾滋病吗

艾滋病的主要传播途径有血液传播、母婴传播及性传播。同时，跳蚤、蚊子等昆虫是以叮咬并吸食血液的方式的生存，并通过叮咬传播多种疾病，因此，很多人都会问：跳蚤会传播艾滋病毒吗？

根据研究表明，艾滋病毒在跳蚤体内既不发育也不繁殖，所以跳蚤叮咬不会传播艾滋病毒。另外，跳蚤在吸血前，先由唾液管吐出唾液，然后由食管吸入血液，而血液的吸入是单向的，吸入后不会再吐出，因此跳蚤也不能通过机械性的传播方式传播艾滋病毒。

还有，艾滋病病原体在血液里含量足够高才能使病毒在不同的宿主之间传播，即足够多的病原体才能使感染进行下去。跳蚤嘴上残留的血液仅有 0.00004 毫升，血液量并不足以传染艾滋病毒。即使跳蚤吸入了带有艾滋病毒的血液，艾滋病毒在 2~3 天内即可被跳蚤消化、破坏而完全消失。根据跳蚤的生理特点，跳蚤一旦吸饱血后，要待完全消化后才会再叮人吸血，因此这也说明了跳蚤不能传播艾滋病毒。

不过，蚊子和跳蚤的叮咬方式不同，蚊子在叮咬的时候有一个反刍的过程，那么是否会在这个过程中传染艾滋病呢？答案是不会，因为蚊子的进食器官结构错综复杂，分泌唾液和吸食血液是两条不同的通道。所以，蚊子吸食血液过程中也不会传播艾滋病。

不仅如此，目前世界范围内尚未发现因昆虫叮咬而感染艾滋病毒的案例。

明仔科普时间

被蚊虫叮咬后怎么办

被蚊虫叮咬后如果出现局部红肿现象应涂抹一些具有消炎、止痒、镇痛作用的药膏，如果起的小水泡被抓破，则应该涂抹些消肿、止痛类的药膏，对于症状较重或有继发感染的患者，可内服抗生素消炎，同时及时清洗并消毒被叮咬的局部，适量涂抹红霉素软膏等。

艾滋病传播途径

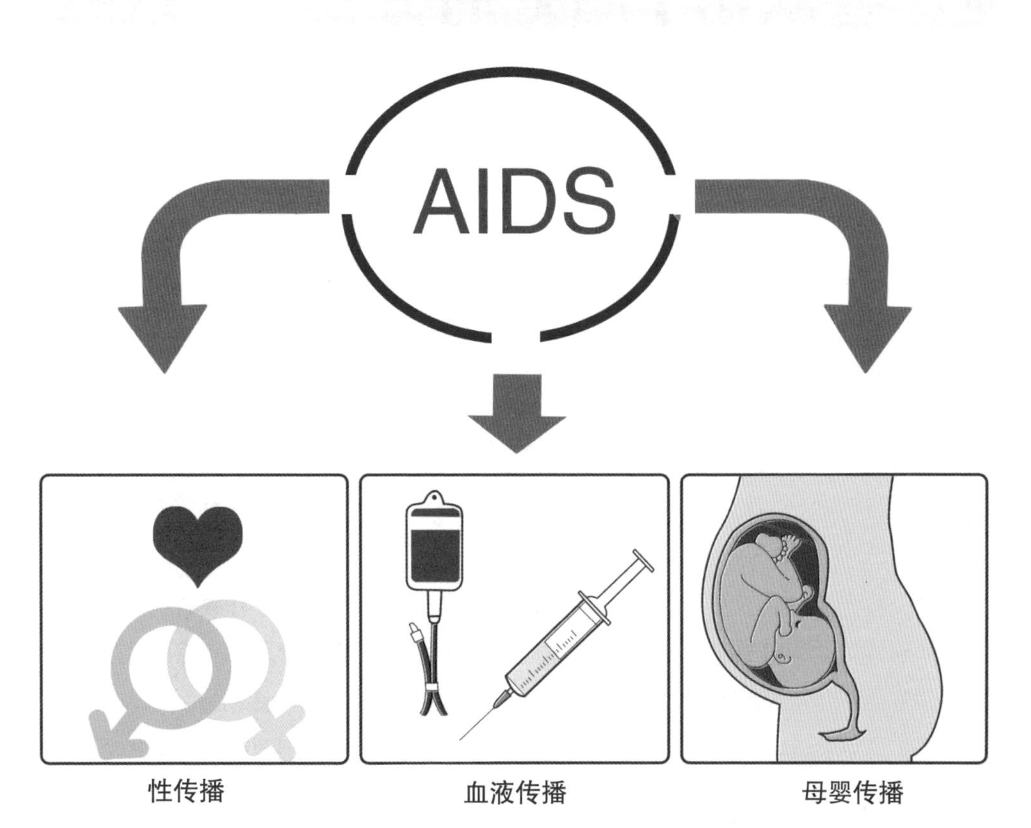

性传播　　血液传播　　母婴传播

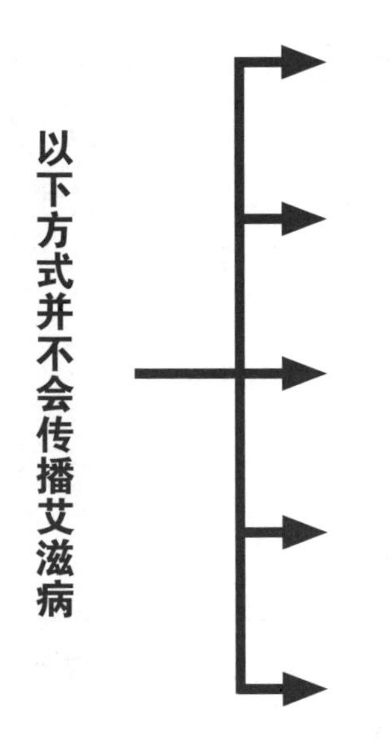

肢体接触

呼吸

打喷嚏

唾液飞沫

蚊虫叮咬

030 喜欢栖于暗处的毒虫——蜈蚣

小档案

中文学名： 蜈蚣

身份信息： 动物界 节肢动物门 唇足纲 蜈蚣目

外形特征： 身体扁平细长，具有明显分节，每段体节上生长一对足

实际用途： 食用、药用

生活习性： 肉食性动物；夜行性；出没于潮湿的角落

天然敌害： 鸟类、猫鼬、蝾螈、蛇等

栖息地区： 森林、草原、沙漠、沿海地区等

被咬症状： 疼痛、肿胀、发热、发抖等

蜈蚣别称百足虫，但却并不存在有一百只脚的蜈蚣。因为蜈蚣的脚几乎都是奇数对，鲜少有偶数对出现。而且据已有的科学研究发现，从未遇到过正好一百只脚的蜈蚣。

蜈蚣的生理结构比较特别，大多数种类没有眼睛。即便少数有眼睛的种类也属于“睁眼瞎”，只能感受到光线的强弱而无法看清具体的影像。由于蜈蚣是夜行性动物，而且可以利用触角寻找食物，所以这一点并不会对它们的活动造成严重妨碍。在本书描写的众多生物杀手中，蜈蚣应该排在二流的行列。小型蜈蚣多以蚯蚓、蟑螂等为食；而体型最大的亚马逊巨人蜈蚣，通常捕食一些蜥蜴、青蛙、蜘蛛等动物。蜈蚣虽为肉食性动物，但在食物短缺的时候，也会采食少许植物充饥。

一个身体健康的成年人被蜈蚣咬伤之后，大多只会出现不同程度的身体不适症状，并不会造成致命伤害。但低龄儿童和有过敏反应的人群，就另当别论了，情况会相对危险得多。过敏者很可能因为自身特殊的体质，而产生过敏性休克。若不幸被蜈蚣咬伤，应立即用肥皂水清洗伤口，并进行冰敷，情况严重时应立即上医院就诊。

在传统的中医里，蜈蚣被用于治疗多种疾病。中国以及周边一些国家，蜈蚣还被用于泡酒。值得一提的是，在中国，部分大型蜈蚣还被做成小吃贩卖。

被蜈蚣咬伤如何救治？

被蜈蚣咬伤后应立即用肥皂水清洗伤口，局部应用冷湿敷伤口，也可以用鱼腥草、蒲公英捣烂外敷。有过敏现象者，应服用抗组织胺类药物。

蜈蚣主要捕食哪些动物

对象有所差别
不同体型捕食

小型蜈蚣（蚯蚓、蟑螂等）

大型蜈蚣（蜥蜴、青蛙、蜘蛛等）

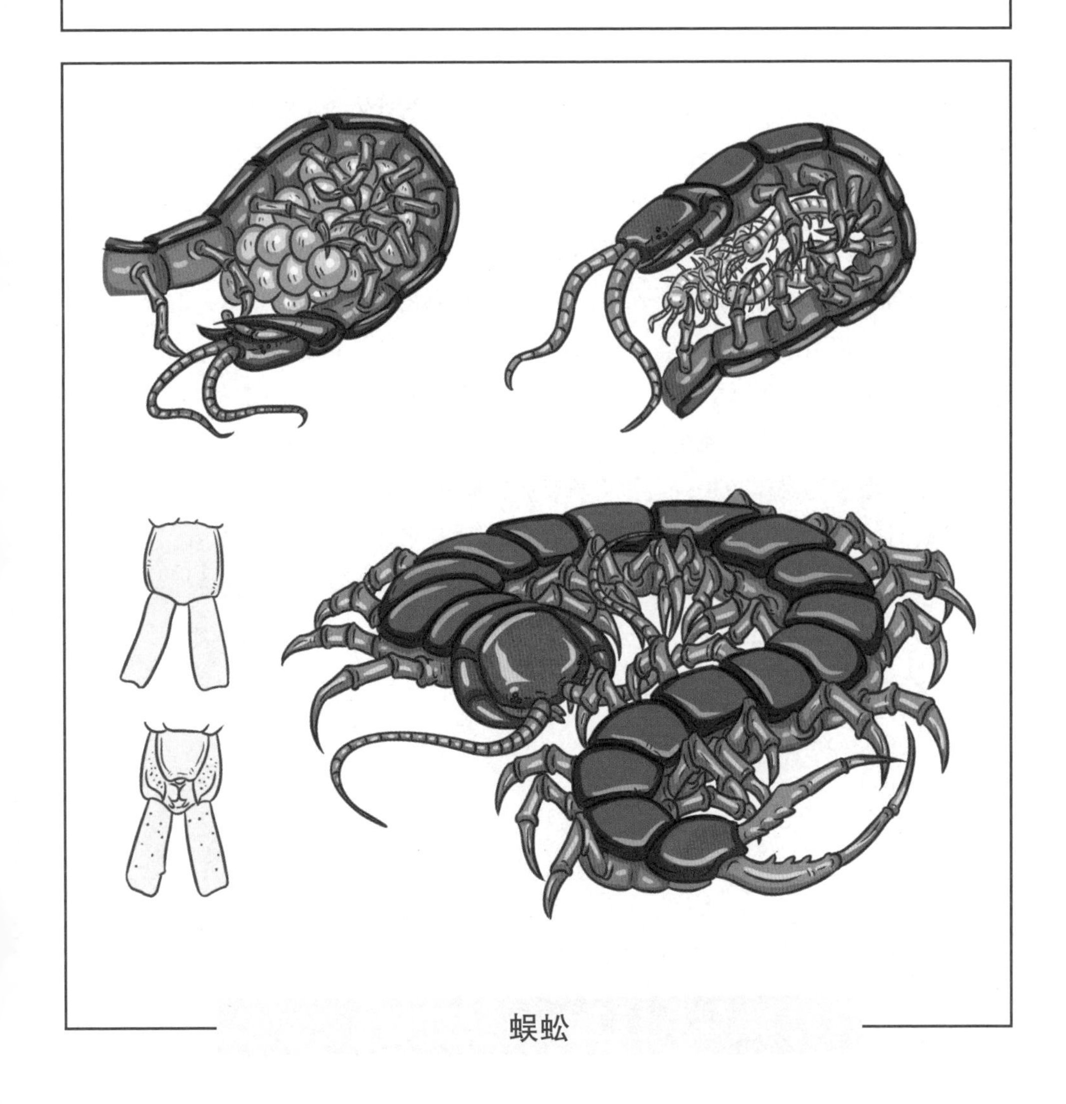

蜈蚣

031 尾巴顶着杀人利器——蝎子

小档案

中文学名： 蝎子

身份信息： 动物界 节肢动物门 蛛形纲 蝎目

分布区域： 呈世界性分布，主要集中于热带和温带

外形特征： 躯干扁平呈琵琶状，后腹部分节，四对步足

生理特点： 没有耳朵，通过身体表面的细毛感受微小震动

生活习惯： 昼伏夜出、喜欢待在比较潮湿的地方、具有冬眠习性

捕食对象： 各种昆虫、陆生软体动物等

中国有个成语叫“蛇蝎心肠”，形容人的心肠特别歹毒，可见蝎子绝不是什么好惹的家伙。全世界的蝎子种类超过 1000 种，几乎都是有毒的。其中世界公认毒性最强的以色列金蝎还有着“以色列杀人蝎”的威名。

事实上，以色列杀人蝎这一称呼还是带有少许夸张的成分。虽然它们的毒性很强，达到一定剂量的时候足以置人于死地，但仅仅一只以色列金蝎含有的毒素终究有限，而且通常它们都“节约”使用，因此难以造成人员死亡。不过，对待以色列杀人蝎还是应该多加小心，即使不会中毒而亡，也足以让人产生疼痛、抽搐等症状。

蝎子释放毒素的方式跟黄蜂比较相似，都是利用腹部末端的螯针扎进对手体表进行注射。由于其身体较长，通常会将后腹部向上翘起，方便活动。而且这样的姿势意味着时刻准备战斗，给周边一些蠢蠢欲动的对手起到一定的威慑作用。

当然，并不是所有的蝎子都这么“厉害”。不同种类的蝎子，其毒性的强弱有着一定差距，例如毒性最小的八重山蝎，其危险程度差不多可以忽略不计。

- 在农村地区偶尔有蝎子出现，可以用火钳将其夹住放归山林，不要近距离接触，以免被蛰伤；
- 蝎子惧怕强光刺激，如在野外遇它们，可以用手电筒照射，令其自行离开。

并不是所有的蝎子都非常可怕

以色列金蝎	让人产生疼痛、抽搐等症状
八重山蝎	危害极小，几乎可以忽略不计

蝎子

032 “黑寡妇”——红斑寇蛛

小档案

中文学名： 红斑寇蛛

身份信息： 动物界 节肢动物门 蛛形纲 蜘蛛目

生活地区： 通常为温带或热带地区

结网习惯： 通常将网织在一面向阳，另一面阴凉的地方

外形特征： 成年雌性腹部肥大圆润，呈亮黑色，上面具有一小块红斑；成年雄性腹部较小，身躯比雌性更为纤细

被咬症状： 肌肉无力、恶心、痉挛等

“黑寡妇”这个称呼，随着由漫威漫画改编而来的众多电影不断热映，给人们留下了深刻的印象。

撇开电影不谈，“黑寡妇”这个名词原指的是一种蜘蛛，学名为红斑寇蛛。由于成年雌性呈黑色，而且在交配之后，往往会将雄性吃掉，才被冠以“黑寡妇”的称号。

不过，凡事都有例外。其实，雌性黑寡妇蜘蛛进食雄性的主要目的，是为了在进行体能大量消耗的交配后，及时补充营养填饱肚子。因此，只要雌性在交配前吃饱喝足，雄性便可以避遭厄运。

黑寡妇蜘蛛不仅对自己的丈夫十分残忍，对待猎物也同样如此。它们事先结好网子，在一旁静静等候。一旦猎物落网，黑寡妇蜘蛛便迅速冲上去用网丝将它牢牢缠住，并在其体内注射毒素。在毒素发挥效力之前，黑寡妇蜘蛛会一直压制住猎物，直到其彻底丧失反抗能力。当猎物停止挣扎之后，黑寡妇蜘蛛就会将消化酶从其伤口注入，令猎物的肉分解成液体然后吸食。

黑寡妇蜘蛛的毒素毒性非常强，作用于肌肉，人类若是不幸被咬，很可能出现强烈的痉挛，导致无法正常活动。但黑寡妇蜘蛛注射毒素的剂量一般很少，造成人类死亡的可能性极低。

- 黑寡妇蜘蛛广泛分布于世界各地，在中国的四川、海南、新疆等省份比较多见；
- 黑寡妇蜘蛛毒素的毒性比响尾蛇强十多倍，其价值比黄金还高。

黑寡妇为什么要吃掉自己的“丈夫”

雌性在进行交配后 → 体能消耗大 → 需要及时补充营养 → 吃掉雄性填饱肚子

※ 如果在交配前，雌性体能充足，一般就会放过雄性

专题 11：蜘蛛都是通过结网捕食的吗

在人们的印象中，好像蜘蛛都是通过结网的方式来捕食的。但事实上，并不是所有的蜘蛛都具备这样的技能。根据蜘蛛的生活习惯以及捕食方式，可以大致分为结网性蜘蛛和游猎性蜘蛛两种。

结网性蜘蛛指的是以结网或利用蜘蛛丝捕获猎物的种类。前文中提到的红斑寇蛛就属于此列。不同种类的结网性蜘蛛，结网的形状也各不相同。除了最为常见的圆形和片状的蜘蛛网，还有三角形、长方形等比较另类的形状。

大多数的结网性蜘蛛，都会采取守株待兔的方式进行捕食。直白地来说，就是将蜘蛛网结好后，静静地等待猎物落网，再将其制服。

但部分种类也会选择主动出击。比如：编织长方形网的妖面蛛，它们会用两对足分别扯住网子的四角，悬挂在空中。当猎物靠近的时候，直接在将其包裹起来。若猎物在蜘蛛网下方的地面活动，妖面蛛就会将网子扑在猎物身上，将其牢牢地束缚住。

还有一种流星锤蜘蛛非常有意思，它们虽然也属于结网性蜘蛛，但其结网并不是用来捕猎，而作为保障自身稳定安全的工具。在捕猎的时候，它们会用足牵住一根下垂的蜘蛛丝，丝线末端吊着一粒具有雌性蛾类激素的小黏球，以此吸引雄蛾上钩。当雄蛾靠近的时候，它们就奋力地将小黏球扔向猎物，将其制服。

以上都是结网性蜘蛛，接下来谈谈游猎性蜘蛛。

游猎性蜘蛛不具备结网技能，大多采取四处游走或就地伪装的捕猎方式。有的可以拟态成花瓣或花蕊接近猎物，将其捕杀。有的则可以将毒牙中的毒液快速喷射出去，将猎物麻痹，令其无法动弹。还有的种类奔走的速度很快，锁定猎物之后直接发起追击。

由此可见，并不是所有的蜘蛛都会结网捕食，正如飞翔也不是所有鸟类必备的技能，企鹅、鸵鸟、鸸鹋等鸟类就不会飞翔。

并不是所有的蜘蛛都会结网

蜘蛛的不同种类与捕食方式

- 结网性蜘蛛
  - 守株待兔，等待猎物落网
  - 主动出击，用网裹住猎物
  - 悬挂诱饵，引猎物上钩
- 游猎性蜘蛛
  - 拟态成植物，接近猎物
  - 喷射毒液，麻痹猎物
  - 快速奔走，追击猎物

033 蜥蜴中的巨无霸——科莫多巨蜥

小档案

中文学名：科莫多巨蜥
身份信息：动物界 脊索动物门 爬行纲 有鳞目
身体长度：平均体长 2~3 米
分布地区：印度尼西亚的部分岛屿上
食物来源：鸟类、山羊、鹿、水牛等
生活习惯：畏惧毒辣的阳光，正午时分会寻地乘凉
生理特征：声带非常不发达，无法大声吼叫

科莫多巨蜥是目前现存体型最大的蜥蜴，也是世界上最大的有毒动物。它们的战斗力相当不错，脚上尖锐的爪子能够撕裂猎物的皮肉，而强有力的尾巴则可以横扫重击猎物。

虽然拥有强悍的武装，但它们的捕猎方式比较特别，不像大多数猛兽那样，直接当场就跟猎物拼个你死我活。有时会在发现猎物之后，悄悄地靠近。然后以 30 千米 / 时的速度，发起突然袭击，咬伤猎物之后放其离开。接着一直跟踪受伤的猎物，直到它们因失血过多而死。正常情况下，血液流出体外一段时间后就会自动凝固。但科莫多巨蜥能够分泌出一种防止血液凝固的毒液，并且可以令血管扩张，加快流血的速度。除了毒液之外，科莫多巨蜥还准备另一种秘密武器——细菌。它们的唾液中含有数十种细菌，可以令受伤的猎物伤口细菌感染而丧命。

像科莫多巨蜥这样强大的对手，人类是难以与之抗衡的。无论是力量、防御能力还是体型，人类都不占优势，所以还是敬而远之比较安全。但科莫多巨蜥也有自身的软肋，就是耐力不够。虽然，科莫多巨蜥奔跑的速度最高可达 30 千米 / 时，但是能够坚持的时间很短暂。通常它们会潜伏在猎物周围半径 1 米左右的距离，才发起进攻，并不会长距离地追击猎物。如果在印度尼西亚的野外游玩，应多观察周围环境，尽量远离这种危险的动物。

那些奔跑速度飞快的动物

猎豹：110 千米 / 时　　跳羚：90 千米 / 时
鸵鸟：70 千米 / 时　　野兔：70 千米 / 时
狮子：60 千米 / 时　　鬣狗：60 千米 / 时
……

科莫多巨蜥的“攻击装备”

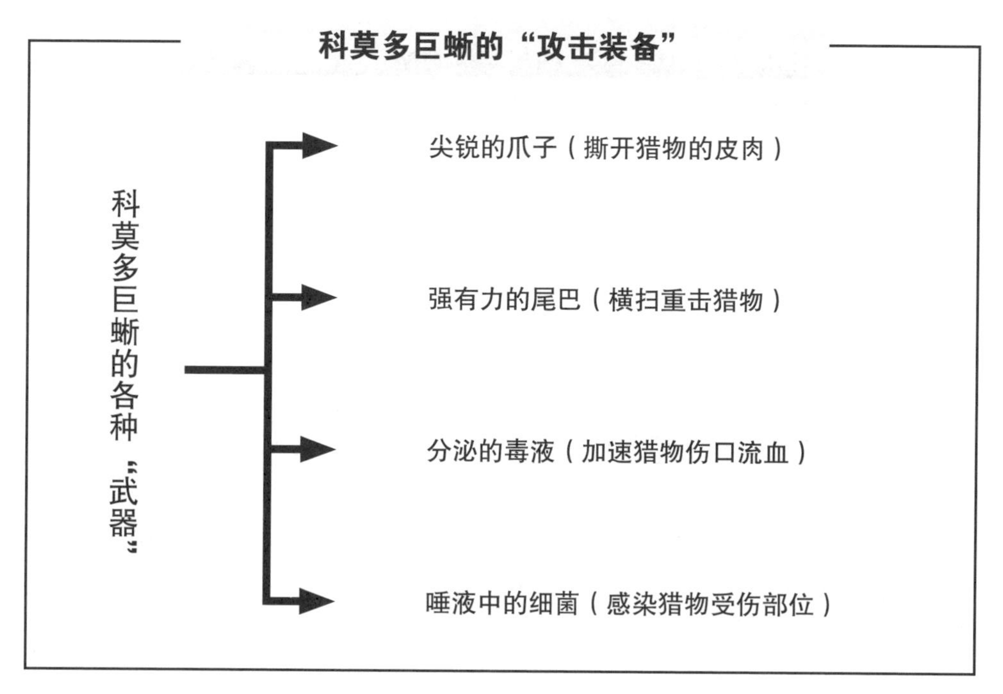
科莫多巨蜥的各种“武器”
尖锐的爪子（撕开猎物的皮肉）
强有力的尾巴（横扫重击猎物）
分泌的毒液（加速猎物伤口流血）
唾液中的细菌（感染猎物受伤部位）

034 篮筐中起舞的毒物——眼睛蛇

小档案

中文学名：眼镜蛇

身份信息：动物界 脊索动物门 爬虫纲 有鳞目

分布地区：中东、东南亚、非洲、印度尼西亚等地

食物来源：两栖类、鱼类以及其他蛇类等

外形特征：身体细长，体长能达2米左右；上颌骨较短，颈部膨起后有明显圆形花纹

生活习性：在白天外出觅食；耐热不耐寒

在印度有一种古老的技艺，称之为弄蛇术。简单地来说，就是挑逗眼镜蛇，令其翩翩起舞的民间杂技。直到现在，这种技艺还在印度广为流传，而且已经发展成为了一项世袭的职业。

众所周知，眼镜蛇是一种非常危险的蛇类，其毒液的毒性很强，足以伤人性命，人们通常都会对其敬畏三分。全球每年大约有10万人因被毒蛇咬伤而导致死亡。其中，炎热的非洲是毒蛇伤人事件最为频发的地区。但印度的弄蛇人，凭借自身长时间与眼镜蛇的朝夕相处，极少出现被咬伤的状况。而且即便被咬，他们也可以使用各家的独门秘制“解药”解毒。

然而，对于绝大部分的普通人而言，被眼镜蛇咬伤之后，若是得不到有效的治疗，就可能因此丧命。不过，现代医学已经相当发达，只要及时注射抗蛇毒血清，就不会出现太严重的问题。

眼镜蛇的毒液中，含有攻击性很强的神经毒素。人类被其咬伤之后，将直接损害人体的神经系统，严重时会休克，但通常情况下，这并不是造成死亡的最终原因。因为在患者彻底失去意识之前，其呼吸肌早已麻痹，根本无法进行自主呼吸。

部分种类的眼镜蛇，还可以利用压强将毒液喷射出去，而喷射的主要目标是对方的眼睛。一旦毒液溅入人类的眼睛，就可能出现刺痛或者短暂性失明等症状，但并不会伤害到完好的皮肤。

眼镜蛇到底有多危险

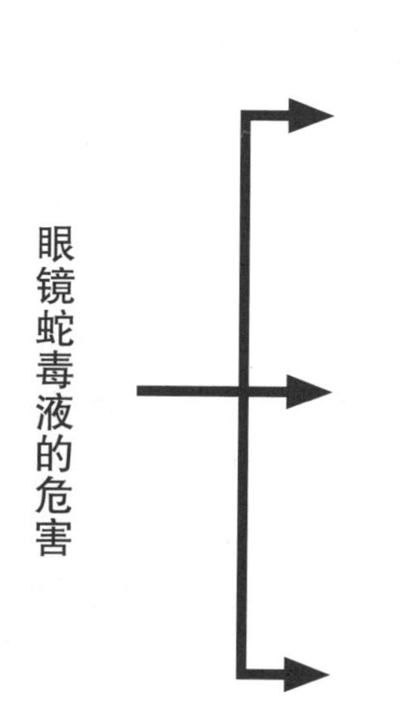

损害神经系统
出现症状：休克

麻痹呼吸肌
出现症状：不能自主呼吸

伤害眼睛
出现症状：刺痛、短暂性失明

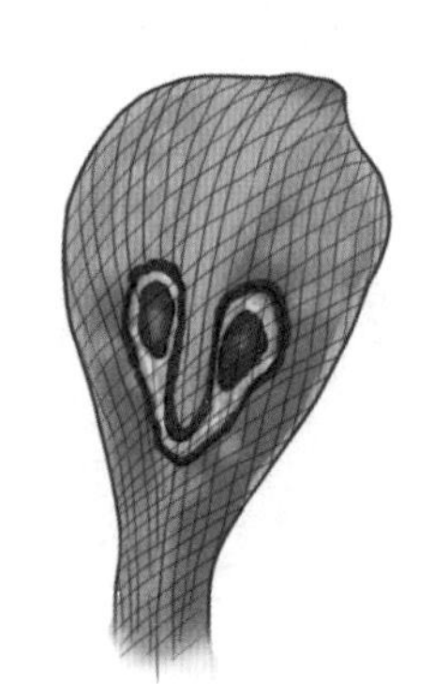

眼镜蛇

专题 12：眼镜蛇真的听得懂音乐吗

在眼镜蛇这一章节，书中提到了“弄蛇术”这一技艺。弄蛇人通过演奏曲调，引导眼睛蛇为其伴舞。但眼镜蛇真的是一种精通音律的动物吗？

答案是否定的，虽然眼镜蛇具备听觉系统，但却无法感知到弄蛇人所演奏的音乐。就好比人类无法听到超声波和次声波一样，它们的听觉器官能够感知的范围也是有一定限度的。由此可见，眼镜蛇对于音乐真是一窍不通。既然如此，为何它们还能够配合弄蛇人的表演扭动身躯呢？这就要从它们的性格开始谈起了。

眼镜蛇生性羞怯，即便自身攻击力不弱，也不会随意挑衅对手。只有受到惊吓或是感受到威胁的情况下，才会主动向对方发起攻击。当然，它们的捕猎行为不能在此一概而论。当弄蛇人掀开篮筐的盖子时，盘卧在其中的眼镜蛇受到突如其来的光线刺激，于是习惯性地探出头来观察周围的情况，并膨起颈部（当其颈部撑大后，可以对周围的敌害起到一定的威慑作用）时刻保持警惕。

若是眼镜蛇在掀开盖子之后无动于衷，弄蛇人就会利用蛇笛挑逗其主动现身。而之后眼镜蛇的摆动，主要是弄蛇人跺脚的震动以及蛇笛的晃动对其造成的影响。一旦弄蛇人停止演奏与跺脚，眼镜蛇就会逐渐收缩膨大的颈部，并退回到篮筐中。

弄蛇人怎样避免被眼镜蛇咬伤

- 坐在眼镜蛇能够攻击的范围之外；
- 拔除眼镜蛇的毒牙；
- 将眼神蛇的嘴部缝合一部分，让其只能吐出舌头。

解开弄蛇术的秘密

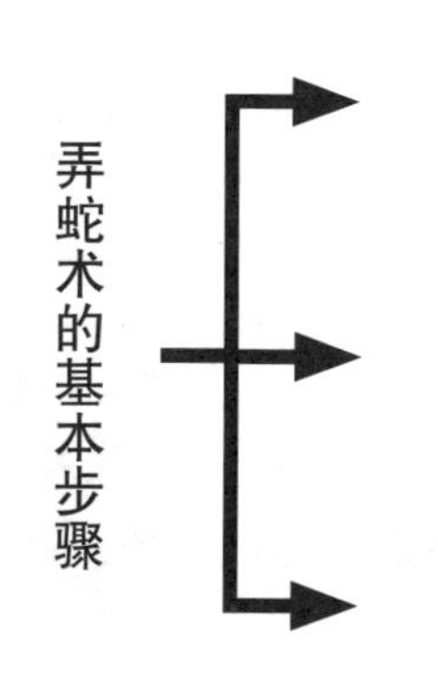

打开篮筐的盖子，让眼镜蛇受到光线照射而现身

以蛇笛对眼镜蛇进行挑逗，诱其现身

利用跺脚的震动和蛇笛的晃动，引导眼镜蛇摆动

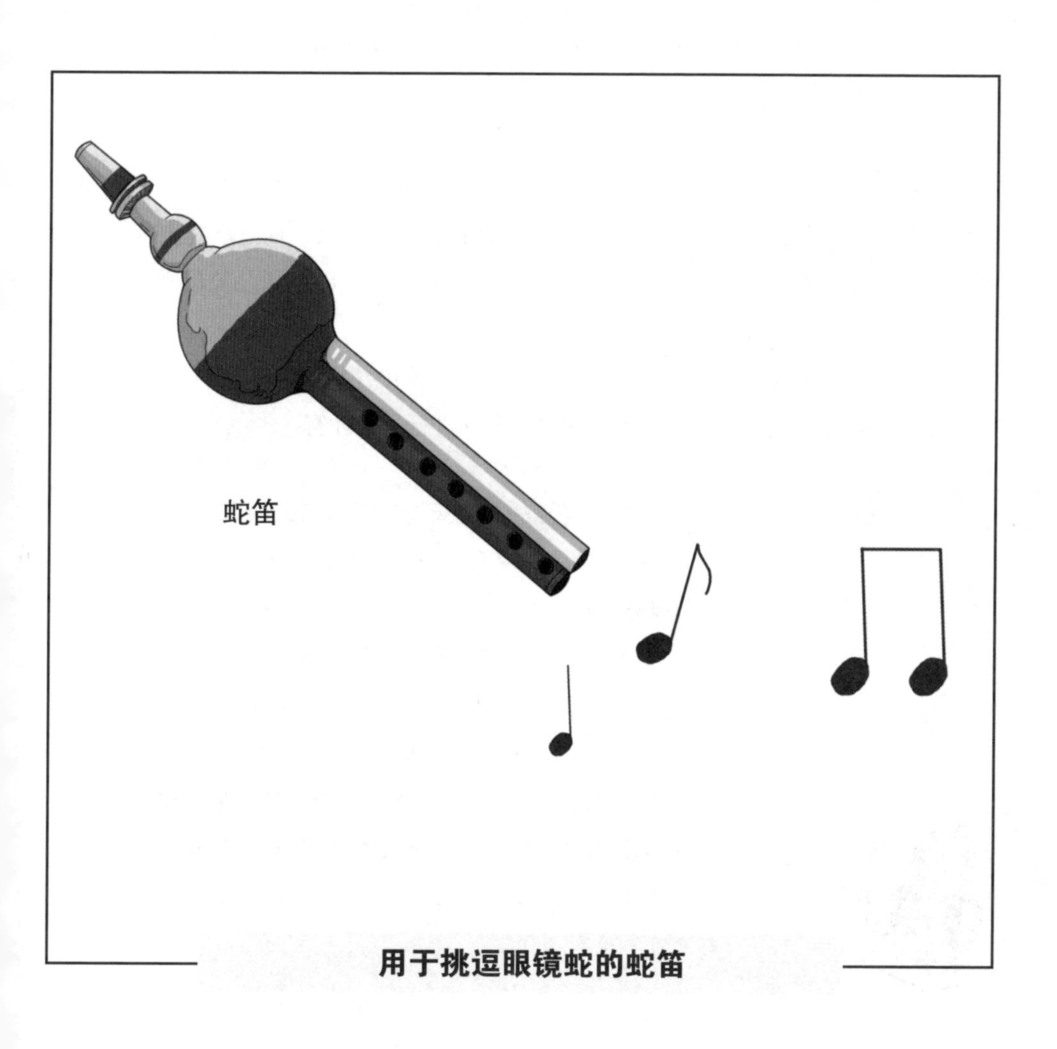

用于挑逗眼镜蛇的蛇笛

035 披着有毒外衣的“丑八怪”——蟾蜍

小档案

中文学名： 蟾蜍

身份信息： 动物界 脊索动物门 两栖纲 无尾目

求偶方式： 雄蛙找到适合产卵的水池，然后大声鸣叫吸引雌蛙

外形特征： 与青蛙相似，体表有明显的颗粒状疙瘩，腹部肥大

生活环境： 湿润的泥土中，石块下或是草丛之中

生活习性： 白天通常潜伏隐蔽，夜晚及黄昏时分活动频繁

食物来源： 蟋蟀、飞蛾、蜗牛、蝇蛆等

蟾蜍，是蟾蜍科动物的统称。其中最常见的种类就是大蟾蜍，别称癞蛤蟆。

从外表上看，蟾蜍和青蛙颇为相似，以至于有人误将具有毒性的蟾蜍，当成普通青蛙烹制菜肴，导致食物中毒。但只要稍加辨认，就能够看出两者的区别。

青蛙的表面比较光滑，身体两侧具有背侧褶，脚趾较为细长；相比之下，蟾蜍身体更为臃肿，脚趾粗短，且背部以及四肢有颗粒状的疙瘩，而这些疙瘩便是蟾蜍的毒素所在即分布于它们皮肤表层的毒腺。若将其毒腺戳破，就会流出乳白色的有毒浆液。

可见，蟾蜍的毒素主要分布于体表。此外，它们的内脏与卵中也有部分毒素。因此在烹制时，必须将其外皮剥去，并对其内部进行处理才行。

“癞蛤蟆想吃天鹅肉”是怎么回事

这句民间俗语源自一个古老的神话故事：在一次，王母娘娘组织的蟠桃盛会上，各路神仙纷纷赶来，蟾蜍仙也应邀而至。在路过王母娘娘的后花园时，蟾蜍仙巧遇美丽的鹅仙，对其一见倾心。之后鹅仙将此事禀告王母娘娘，惹得王母娘娘大怒，随手将月宫中进献的月精盆砸向蟾蜍，并罚其下界变为一只普通的蟾蜍。但月精盆化作一道金光侵入了蟾蜍体内，令王母娘娘后悔不已，于是令蟾蜍在经历磨难之后将宝物完璧归赵才可再度列入仙班。

蟾蜍与青蛙的不同之处		
种类	蟾蜍	青蛙
皮肤：	有明显颗粒状毒腺	光滑有纹路
脚趾：	较为粗、短、蹼窄	较为细、长、蹼宽
体型：	臃肿、腹部肥大	较为瘦小，有两条背侧褶

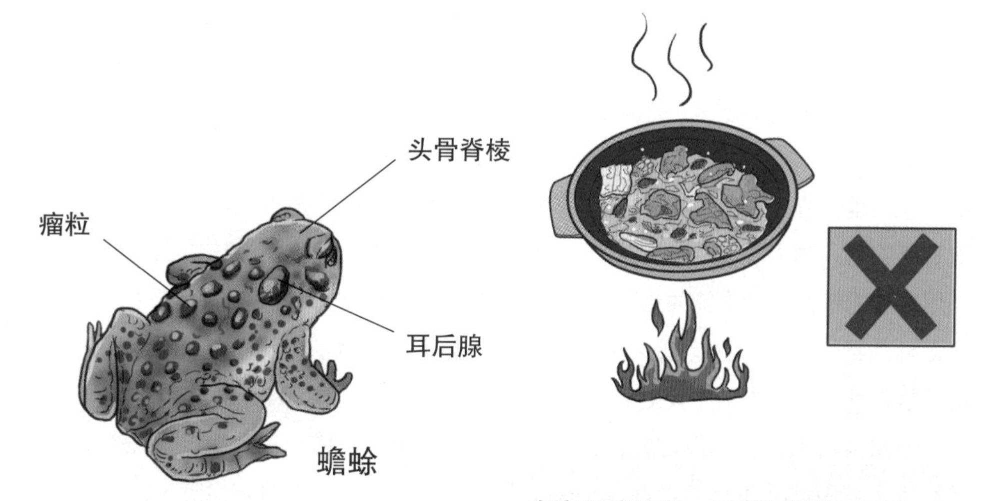

在烹制蟾蜍时，尽量将其外皮剥去

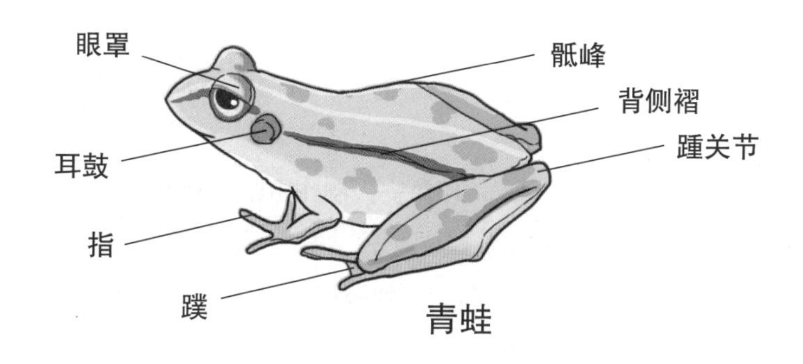

036 毒素“聚宝盆”——箭毒蛙

小档案

中文学名：	箭毒蛙	**外形特征：**	体表颜色鲜艳，大多具有彩色斑纹
身份信息：	动物界 脊索动物门 两栖纲 无尾目	**生育习性：**	雌蛙负责产卵；雄蛙养育后代
分布区域：	中南美洲热带雨林	**食物来源：**	蚂蚁、蟋蟀、蜘蛛等
身体长度：	大多长 1~6 厘米		

箭毒蛙身上绚丽的色彩，是其他蛙类所不能比的。其大多为黑色与彩色相结合，具有条纹或斑点花纹。它们就像是带刺的玫瑰，虽然美艳非凡，但却隐藏着危险。箭毒蛙的毒素很强，一旦进入血液中，就可能危及生命。但只要皮肤完好无损，就可以免遭灭顶之灾，顶多引起皮肤严重过敏。

很早以前，印第安人就深刻地了解到这一点，成功地将箭毒蛙的毒素运用于狩猎之中。他们在捕捉箭毒蛙时非常小心谨慎，通常用树叶把手包裹起来，避免与毒液直接接触。展开狩猎活动之前，印第安人会在箭头和标枪上涂抹箭毒蛙的毒液，利用毒液的毒性，让中箭的猎物更快地丧失反抗能力，便于将其制服。有意思的是，箭毒蛙的毒性并非天然生成，而是通过进食有毒的食物，将其毒素纳为己用。蜘蛛就是箭毒蛙获取毒素的主要对象之一。

宠物市场上售卖的箭毒蛙，大多是采用人工饲养而成。其食物以果蝇、蚂蚁和蟋蟀为主，因此并不具备毒性，至少不会对人类健康造成威胁。而野生的箭毒蛙在经过人工饲养之后，也会逐渐丧失毒性。不过，这样做存在很大的风险。因为，让野生箭毒蛙完全丧失毒性，至少需要半年以上的时间，很难保证在此期间不出任何差错。

印第安人制作毒箭的步骤

1. 用针将箭毒蛙刺死；
2. 放在火上烤，令箭毒蛙的毒液从体内渗出；
3. 拿箭在箭毒蛙身上回来摩擦即可。

箭毒蛙的毒素从何而来

箭毒蛙本身不具备毒素

进食有毒的食物

将食物的毒素纳为己用

箭毒蛙

037 悄无声息地下毒——壁虎

小档案

中文学名：壁虎

身份信息：动物界 脊索动物门 爬行纲 有鳞目

外形特征：头部宽扁，身体与尾巴差不多等长，背部有深色横条纹路

食物来源：蚊子、苍蝇、飞蛾、蜘蛛等

繁殖方式：卵生

生理特点：眼睛怕强光刺激，在阳光充足的白天，会将瞳孔闭合成一条狭窄的缝隙

栖息地点：岩石缝隙、石洞、沙漠等地区（自然环境）墙缝、屋檐、家具背后（人类社会）

在夏秋季节的夜晚，经常能在过道的照明灯下，看见壁虎趴在墙上捕食昆虫。孩子们往往会对壁虎为什么能够“粘”在墙面上而感到好奇，忍不住伸手捉一只来瞧个究竟。这时往往会发生更加令人吃惊的事情：壁虎居然甩掉尾巴逃跑了。

事实上，壁虎断尾是一种“弃车保帅”的自卫行为。当壁虎遇到敌害难以应对的时候，就会令尾部的肌肉强烈地收缩，迫使尾巴断开。由于刚断落的尾巴神经尚未彻底死亡，仍然会不停地动弹。一旦天敌被断尾所吸引，壁虎就赶紧溜之大吉。此外，当壁虎的尾巴受到外力牵引无法挣脱时候，同样会用到这一招。

如此看来，壁虎对人类并不会产生什么威胁。但既然能将其列于此书之中，必然有其危险之处，至少壁虎的尿液还是需要小心的。一旦人类的皮肤不慎沾上，就可能出现皮肤瘙痒、红肿、皮疹等症状。有时壁虎也会在厨房出没，若其将尿液排泄于食物和饮品之中被人们误食，会对咽喉、食道等部位造成一定损伤。

- 壁虎的两只耳朵是相通的，可以从其中一只耳洞中，直接看到另一只耳洞外面的景象。
- 壁虎断掉的尾巴可以再次生长，并不会因为一次逃命而落下“终身残疾”。

壁虎断尾属于自卫行为

遇到敌害，难以应付　　尾巴受外力牵引，无法挣脱

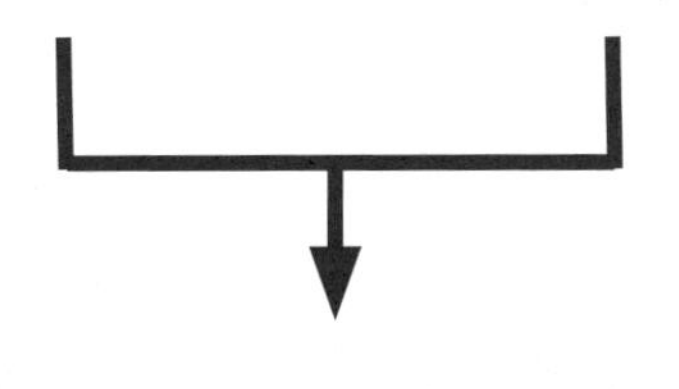

断尾逃生

壁虎断尾之后还会再次生长

壁虎断尾

壁虎新长的尾巴

专题 13：动物们具有哪些独特的防御行为

本书以生物杀手作为主题元素，从本章节来看，几乎每一种动物都有着自身强大的一面，令人类都不得不感到恐惧。但是在弱肉强食的自然界中，动物们总会遇上自己的天敌，这时又该如何逃脱呢？

最为常见的招数就是直接逃跑，正所谓三十六计走为上。可天敌们也不是吃素的，并不一定就能跑得掉。所幸的是，在漫长的生物进化过程中，动物们逐渐形成了各自独特的防御技能。即便不能以速度取胜，也可以采取别的方式保护自己。而前文中提到壁虎断尾，就是一种典型的自我防御行为。

生活在海洋中的乌贼和章鱼，最擅长的防御手段就是把水搅浑，溜之大吉。它们会在敌人靠近之时，突然将体内的“墨汁”喷出，然后在一片乌黑海水的掩护下趁乱逃走。

某些昆虫与防御技能颇为相似，比如：臭虫和椿象。在敌害步步紧逼的情况下，它们会释放出一种极其难闻的气味，熏得对方反应迟钝便迅速逃离现场。

有的动物只捕食活着的猎物，对于死去的动物一点兴趣也没有。而它们的猎物也深谙其道，并能够利用这点保住性命。当被天敌发现后，就“装死”直接从树上掉落或是仰卧在地面上一动不动。借此蒙骗天敌，让它们相信自己已经死亡便扫兴离去。野鸭就经常使用这一招，躲过赤狐的捕杀。

还有部分的动物的防御技能是与生俱来的，它们体表拥有与周围环境非常相似的颜色，可以巧妙地与自然界融为一体，令天敌难以发现。更有甚者，可以令自身的体色随着环境变化而做出相应调整。其中，避役（别称：变色龙）就是将该技能发挥到极致的动物之一。此外，一些蛙类和海洋鱼类也具备这样的本领。

总体来说，动物最基本的防御技能就是隐藏自己不被敌害发现，或者让敌害对自己丧失兴趣。不到关键时间，动物们通常不会选择与敌害正面交锋。

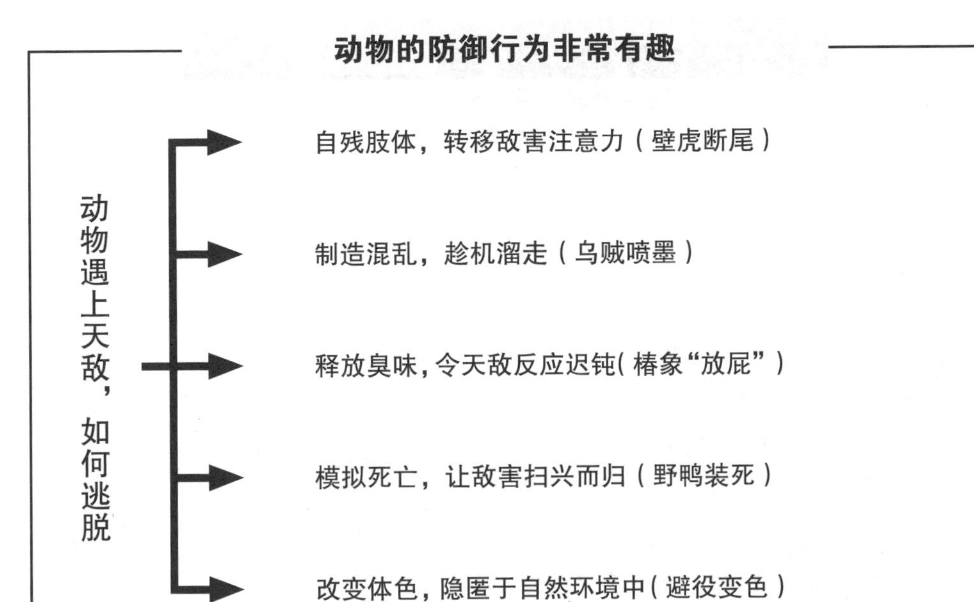

乌贼喷墨：制造混乱，趁机溜走

038 水中的致命幽灵——水母

小档案

中文学名： 水母

生理构造： 圆伞状或钟状的身体、触手、口腕

体内物质： 水、盐、蛋白质

天然敌害： 玳瑁、海龟、曼波鱼、紫螺等

食物构成： 鱼类以及浮游生物

活动方式： 漂浮，通常需要借助风、浪和水流进行移动

体形大小： 各种类之间差异较大，最大的触手长三十多米，最小的全长仅有12毫米

世界各地的水母多种多样，有的闪耀发亮在海水中形成一道美丽的风景，有的成为了人类餐桌上的美食，但还有一部分危险至极，轻易就可将人类置于死地。

澳大利亚箱形水母是全球首屈一指的致命生物，其体内的毒液可对人类的心脏、神经系统以及皮肤细胞造成严重损害，同时造成无法承受的剧烈疼痛，短短几分钟之内便可让人命丧黄泉。伤者很可能在海水中就已经休克甚至溺毙，即便垂死挣扎，也大多在抵达岸边之前因心力衰竭而死，能够幸存下来的机会非常渺茫。每年的11月到次年的3月是澳大利亚箱形水母最为活跃的季节，在此期间在海边潜水、冲浪需要格外小心。

澳大利亚箱形水母具有数十只触手，长度可达3米，上面布满了刺丝胞，而这些刺丝胞就是它们的“作案工具”。当其用触手缠绕钳制住人体之后，刺丝胞便刺透皮肤，释放毒液，让人痛不欲生。哪怕侥幸绝处逢生，也将经受数周的剧痛，而且被触手袭击的部位通常会留下明显的伤疤。

- 在海边观光旅游时应当注意附近的警示牌，避免被水母袭击。
- 水母大多呈半透明的颜色，不易被发现，下海游泳的时候最好穿遮挡面积较大的泳装。

危险的透明生物

箱型水母的触手上布满细胞刺

人类受到攻击

导致心脏、神经系统、皮肤受损

休克、溺毙、剧痛、皮肤留疤

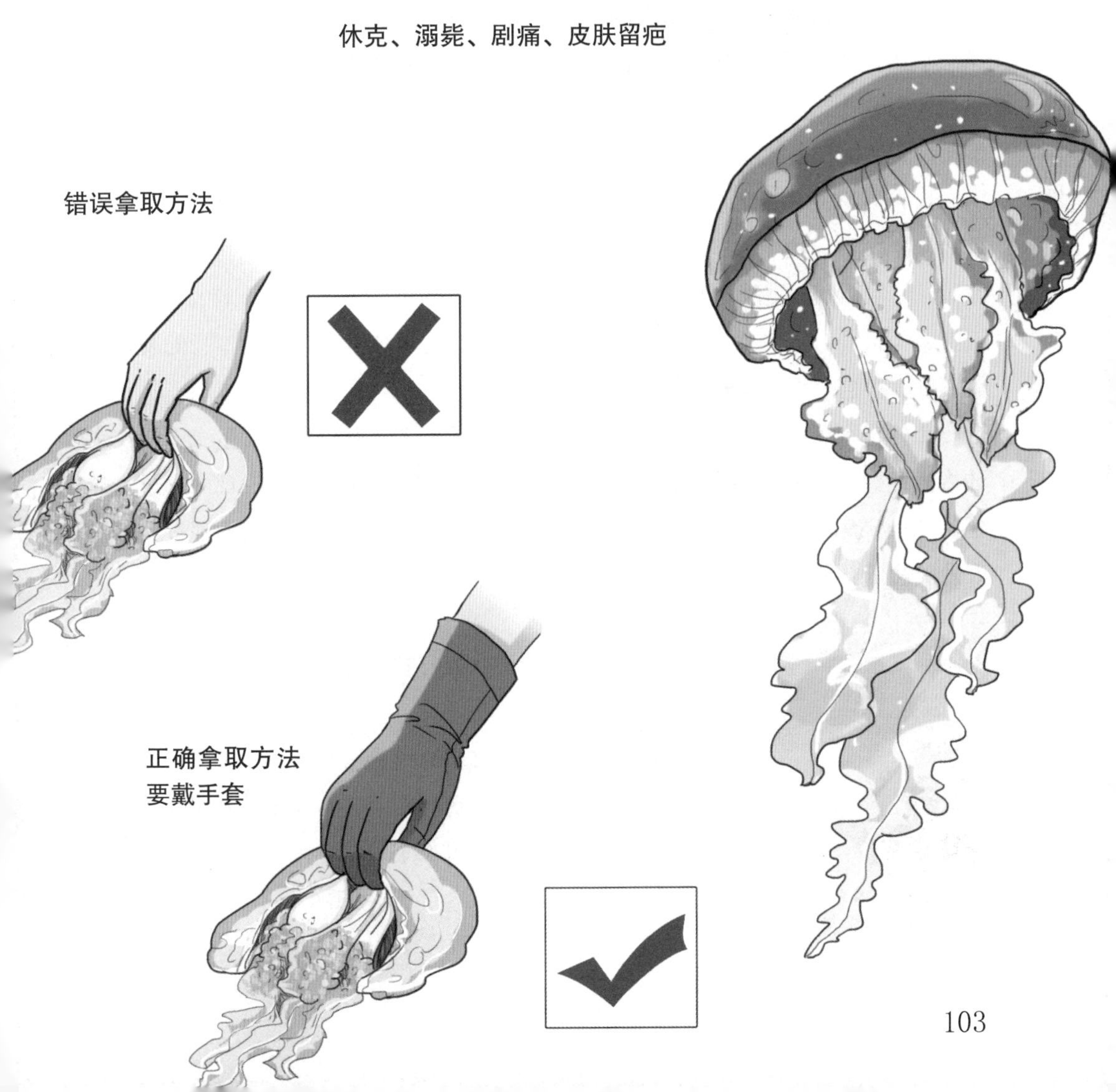

039 潜伏在水中的恶魔——水蛭

小档案

中文学名：	水蛭	**性别特征：**	雌雄同体
身份信息：	动物界 环节动物门 环带纲 颚蛭目	**外形特征：**	体节由5环组成，身体近似圆柱形，体表有明显纹路
体型大小：	体长2~15厘米 体宽2毫米~1.5厘米	**生活环境：**	海洋、陆地、淡水水域
		主要种类：	水蚂蟥、旱蚂蟥、寄生蚂蟥

人们在河边或池塘里摸鱼的时候，最容易遭到水蛭的偷袭，而且还都很难被发现，让人在不知不觉中为它们提供大餐。

水蛭在展开行动之前，会先向人体“注射”一种麻醉剂以免人类察觉。在吸食血液的过程中，它们还释放出可以防止血液凝固的水蛭素，以保证血液源源不断地涌出。它们的胃口比起吸血类的蚊蝇要大得多，足以摄入自身体重2~10倍的血液。

当它们吃饱喝足之后就会自行离去，但不要以为这就是整个故事的大结局，噩梦才刚刚开始。由于水蛭在吸血时释放了一定量的水蛭素，而这种物质的效力会持续较长一段时间，就算水蛭已经安全撤离，但伤口仍旧会流血不止，容易造成感染、发炎甚至溃烂。若是血友病患者不幸中招，情况将更加危险，毕竟本身的凝血能力就不好，再遇上水蛭素的作用，无异于雪上加霜。

此外，水蛭所携带的细菌、病毒以及从前任宿主吸血得到的寄生虫（能在水蛭体内生存数日）可能会在水蛭叮咬的过程中进行传播。虽然已经发现的通过水蛭传播的传染疾病的案例并不多见，但科学家们曾在喀麦隆的水蛭体内发现过艾滋病毒和肝炎病毒。

被水蛭叮咬后怎么办

如果水蛭仍然吸在皮肤上，应当用指甲或类似的扁平钝器贴着皮肤撬开水蛭前端的吸盘，然后再撬开另一端的吸盘，将水蛭扔掉。去除水蛭之后，伤口应先后用肥皂水和清水冲洗、包扎。若是出现了过敏、眩晕等其他症状，应迅速就医。

水蛭吸食人类血液的过程

向人体注射麻醉剂

咬破皮肤，一边吸血，一边释放水蛭素防止凝血

摄取自身体重 2~10 倍的血液后离去

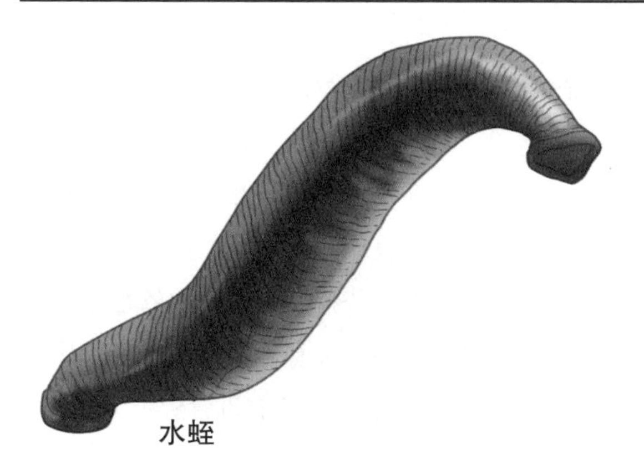

水蛭

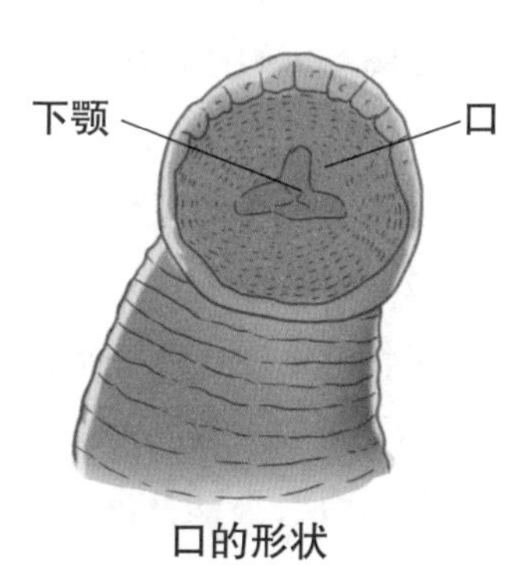

口的形状

水蛭的运动

040 垂钓者的噩梦——蓝圈章鱼

小档案

中文学名： 蓝圈章鱼

身份信息： 动物界 软体动物门 头足纲 章鱼目

体型大小： 身体如网球般大小，腕足展开大约为十几厘米

食物来源： 小型虾蟹以及鱼类

外形特征： 伏击猎物后，注入毒素使之瘫痪，撕成小块吞食，或破坏甲壳类的外骨骼吸食肉汁

喜欢在浅海领域钓鱼的垂钓爱好者，除了部分海洋鱼类，还能经常收获一些虾、蟹、乌贼或者章鱼等海洋生物。但若发现是上钩的蓝圈章鱼，那便会立马剪断鱼线，将其放生。

事实上，与其说放蓝圈章鱼一条生路，不如说是放自己一条生路。蓝圈章鱼体内含有剧毒，其毒性猛烈异常，足以令人在短短几分钟内死亡。而且，它们在全世界剧毒动物榜单里都是名列前茅的。

蓝圈章鱼的性格比较内敛，通常只有在遇到骚扰或者攻击的时候，才会以有毒的喙咬伤对方。因此，只要人类不主动招惹它们，是不会有太大危险的。迄今为止，绝大多数人类受到蓝圈章鱼攻击的事件，都是因为潜水者不小心踩到了蓝圈章鱼，而导致它们发起反击。

可惜的是，直到如今也没有研制出相应的解毒剂。若是注入人体内的毒素过多且来不及抢救，恐怕就凶多吉少了。然而，毒素对于每一种有毒动物而言都是十分宝贵的。因此，蓝圈章鱼也不会为了被踩一脚这点小事，就倾其所有毒素进行“报复”。顶多施以小惩，教训一下，让人类吃点亏，知道它的厉害也就得了。

明仔科普时间

被蓝圈章鱼咬伤应该怎样处理

虽然蓝圈章鱼的毒性很强，但人体的新陈代谢也可以逐步将毒素浓度降低而求得生机。但在此期间，要坚持对伤者进行人工呼吸，直到医疗人员赶到为止。因为毒素会快速麻痹伤者的肌肉，导致其因无法自主呼吸而窒息死亡。

蓝圈章鱼为什么会伤人

蓝圈章鱼的性格内敛，通常不主动发起进攻

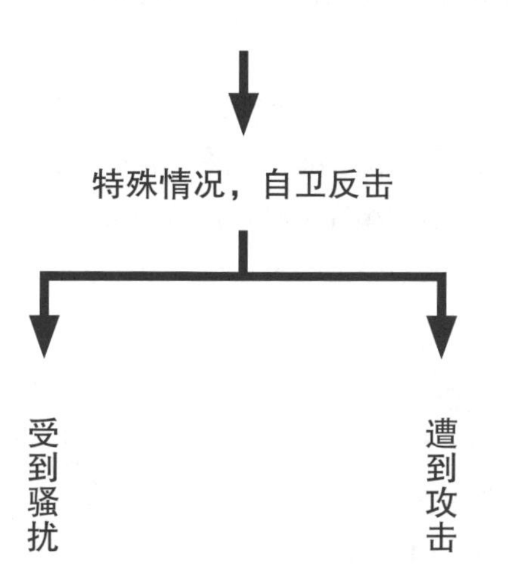

特殊情况，自卫反击

受到骚扰

遭到攻击

是潜水时不小心踩到它们

※人类被咬的主要原因

蓝圈章鱼

专题 14：动物体表的颜色有什么作用

在自然界，同一个物种也有着不同的颜色，就连雌性跟雄性之间也存在明显的差异。而且，少数动物甚至还可以自由地改变体色。但动物体表的颜色究竟有什么作用呢？

对于动物而言，繁衍后代是第一重任，它们的很多技能都是在这一前提下产生的。体表的颜色也与这一点有着不小的关系。在众多的鸟类中，孔雀的羽毛之美首屈一指，其尾屏展开时那耀眼的色彩令人惊叹。但尾屏是雄孔雀的专属，主要用于吸引雌孔雀与之交配。当目的达到之后，雄孔雀通常就会甩掉尾屏这个累赘，让自身的活动更加便利。

但繁衍后代有个必要的前提条件，就是要能够生存下来，只有活着才具备繁衍后代的“资本”。而动物体表色彩还有一个作用，便是为了让自己更安全地生存。其中，枯叶蝶就是将体表色彩发挥得淋漓尽致的一位高手。具有棕黄色翅膀的枯叶蝶，能够将自己不留痕迹地融入一堆枯叶之中，很难识破它们的伪装。

正如人类社会以红色、黄色这些亮丽的颜色作为警戒色一样，动物也会利用颜色发出警告。警戒色使本身更为显眼，由于许多具有鲜艳色彩的动物普遍具有毒性或攻击性，如箭毒蛙、某些毒蛇和蜘蛛，因此鲜艳色彩对掠食者而言有警戒的效果。一些凶猛的掠食动物也具有警戒色。秃鹫在进食的时候，脖子会变成鲜明的红色，以此警告其他同类不要冲过来抢夺食物。当在它们吃饱喝足之后，脖子就会渐渐变回原本的颜色。

动物体表颜色的另一个效果是保护。作为保护色，有些物种会季节性的换毛，例如在冬季会变白的雪兔；有些物种拥有固定的花纹，如老虎和斑马身上的条纹；还有一些物种能够根据环境进行快速变色，例如变色龙和章鱼在不同环境下所进行的生理色彩改变。

明仔学科普

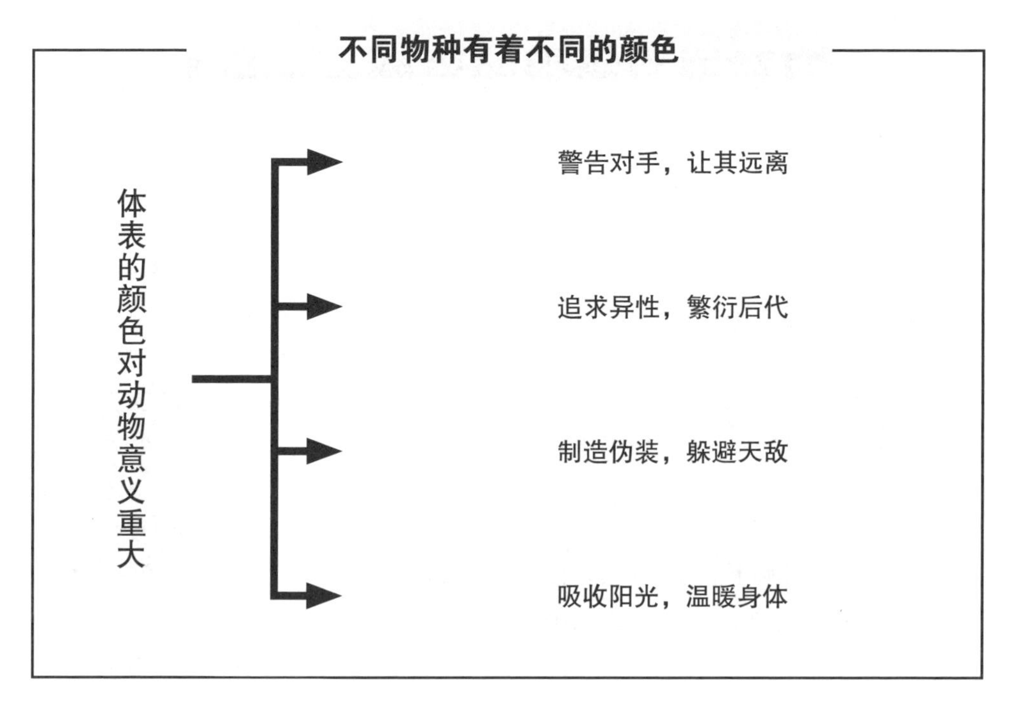
不同物种有着不同的颜色
体表的颜色对动物意义重大
警告对手，让其远离
追求异性，繁衍后代
制造伪装，躲避天敌
吸收阳光，温暖身体

伪装成枯枝的竹节虫

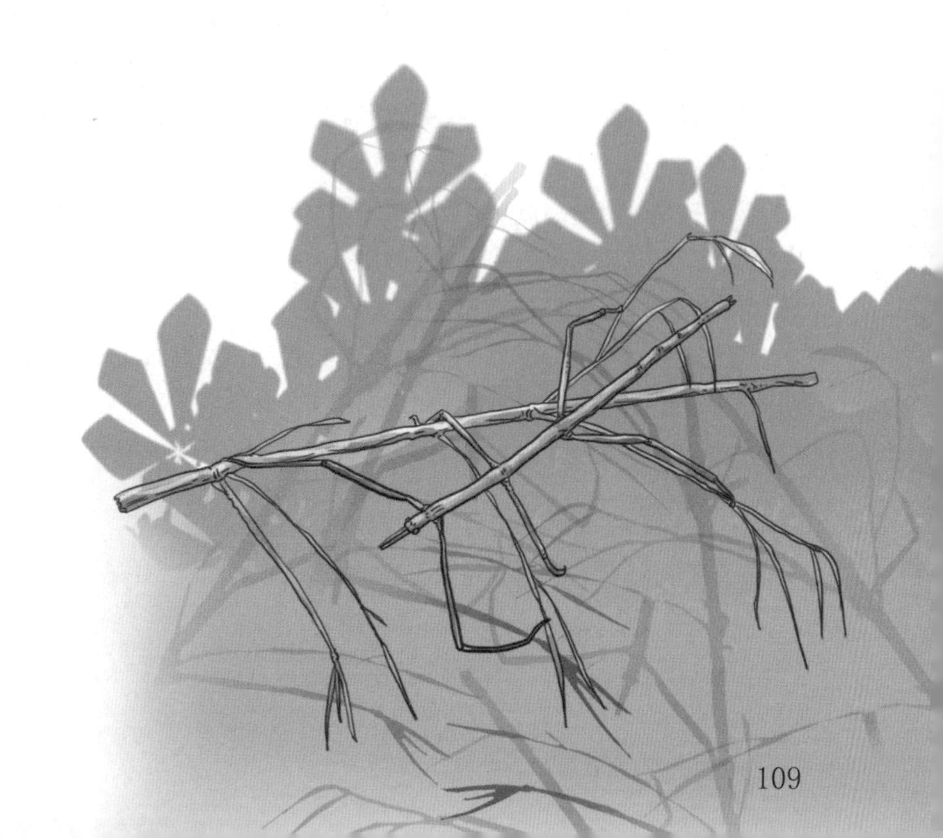

041 具有穿透力极强的毒刺——日本鬼鲉

小档案

中文学名： 日本鬼鲉

身份信息： 动物界 脊索动物门 辐鳍鱼纲 鲉形目

身体长度： 大多为 30 厘米左右

生活习惯： 夜行性、主要生活于的近海底层

外形特征： 身体呈深褐色或紫红色、表面凹凸不平

分布区域： 西太平洋海域

捕食方式： 伪装成石头，等猎物主动靠近

由于日本鬼鲉这个名字太过拗口，还是称呼它为石头鱼比较亲切。石头鱼是一种栖息于海底或岩礁下的海洋鱼类，喜欢将自己伪装成一块毫不起眼的石头。

论长相，石头鱼只能算是鱼类中的“三流货色”，但论“歹毒”，它们足以令其他种类“汗颜”。石头鱼体内含有致命的毒素，其背鳍上排列着十几根坚硬的鱼刺，可以轻松地穿破皮肤，将毒素射入猎物的体内。而中毒后的猎物会感受到无比疼痛，最终毒发身亡。

虽然十分危险，但石头鱼的味道非常鲜美，诱使人们不惜冒着风险将其搬上餐桌。

考虑到石头鱼的毒性，厨师们在处理石头鱼（剪掉毒刺、剥皮）的时候都非常小心，通常会戴上很厚的手套进行工作。曾经有厨师因操作不当被石头鱼刺伤手心，之后导致手掌以及手背都产生了火辣辣的剧痛感，而且肿得厉害，幸亏及时前往医院救治，才得以逃过一劫。

据厨师回忆当时的情况，被扎到的那一刻并没有任何感觉。但十多分钟之后就感到疼痛，紧接着出现头晕、恶心的症状。到医院的时候，他能明显地感觉到自己视力模糊，并且心跳加速。

对于人类这样的“庞然大物”，毒素入侵的速度自然要比小鱼小虾要慢得多。如果换成是石头鱼的常规猎物，可能当场就一命呜呼了。不过，人们还是不能对其掉以轻心。在海边玩耍时，如果不慎被“石头”或尖利物体扎破皮肤，应注意一下，是否是石头鱼所为。

小心，海底的“石头”

海底的石头也许是伪装的“石头鱼”

石头鱼的毒刺非常坚硬

刺破人体皮肤

导致出现中毒现象，比如：头晕、恶心、疼痛等

石头鱼的毒刺可以穿破密度较小的塑胶软底或人造海绵

042 能捕食小鱼的螺类——芋螺

小档案

中文学名：芋螺

身份信息：动物界 软体动物门 腹足纲 新腹足目

生活区域：热带海域

繁殖方式：卵生，雌性一次可产卵数十颗到上百颗

繁殖季节：春、夏

外形特征：外壳具有艳丽的色彩和花纹，整体呈锥形

食物来源：底栖性小鱼、海洋蠕虫等

有人曾用“大鱼吃小鱼，小鱼吃虾米，虾米吃螺蛳，螺蛳吃烂泥”，来形容弱肉强食的自然界。

总体来看，这句话还是比较符合食物链的规律的。但如果将其套用到芋螺身上，就显得有些可笑了。它们可不像池塘里的田螺，整日待在烂泥堆里吃植物的根茎或有机碎屑，而是捕食海洋中的蠕虫甚至小鱼充饥。

什么？速度慢的跟蜗牛似的芋螺居然能够捕捉到小鱼！简直令人不敢相信。然而，芋螺真的做到了。这主要得益于它们的杀手锏——芋螺毒素。芋螺毒素，属于神经毒素，作用于受害者的神经或肌肉组织，令其失去知觉。由于这种毒素发生作用的速度非常快，通常人类中毒后只会出现中毒症状，但却感觉不到疼痛。

芋螺在捕食的时候，会将身子隐藏在海底的砂砾之中，静静等待猎物上门。当猎物靠近的时候，它们便利用一个细如针管般的空心器官，迅速将毒素注射进其体内。由于芋螺毒素的毒性比较强，猎物会在很短的时间出现肌肉痉挛，之后彻底瘫痪。

而人类一旦被芋螺“施以毒手”，也是相当危险的。迄今为止，已发生了数十起芋螺毒液致死的事件。当然，行动如此缓慢的芋螺是不可能主动攻击到人类的。人类大多是被其美丽的外表诱惑，将其拿在手中把玩，所以才会“中招”。

贝类如何生产珍珠

贝类形成天然珍珠的原因主要有以下两种：

1、当异物（砂砾、虫卵）偶然侵入壳内，内部组织受到分泌珍珠质，层层包裹异物最终形成珍珠。

2、贝类自身部分组织病变或受伤，导致脱离原来的部位，进入结缔组织中，分裂增殖形成而形成珍珠。

用于注射毒液的"针管"

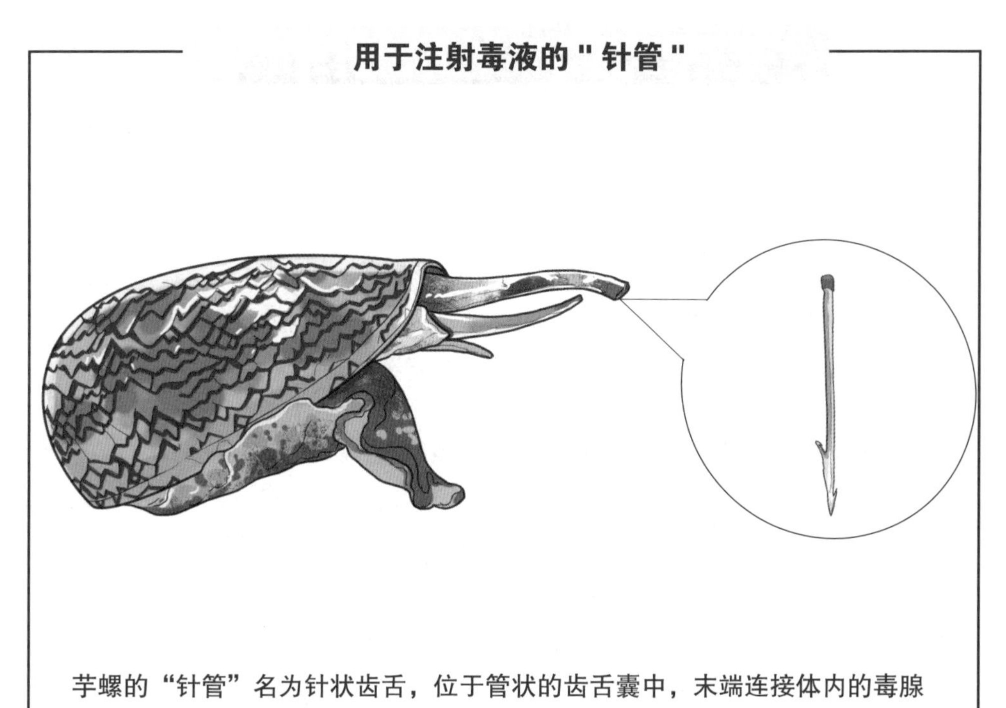

芋螺的“针管”名为针状齿舌，位于管状的齿舌囊中，末端连接体内的毒腺

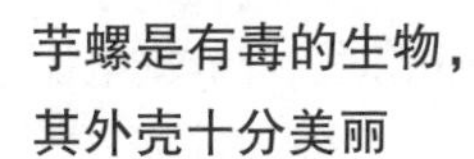
芋螺是有毒的生物，
其外壳十分美丽

容易吸引人类将
其拾起把玩

芋螺感觉受到威胁

出于自我防卫，向
人体注射毒素

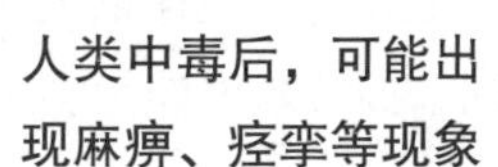
人类中毒后，可能出
现麻痹、痉挛等现象

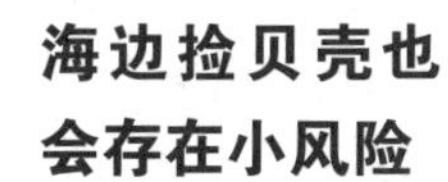
海边捡贝壳也
会存在小风险

043 水中的高压线——电鳗

小档案

中文学名： 电鳗

身份信息： 动物界 脊索动物门 辐鳍鱼纲 电鳗目

外形特征： 身体圆润粗壮，长度可达两米以上

食物来源： 小鱼、虾、蟹、甲壳类动物等

栖息地区： 南美洲的亚马逊河以及奥里诺科河流域

适宜环境： 微酸至中性水质，15℃以上水温

生理特征： 眼睛明显退化，视力较弱

我们知道，日常家庭用电有220伏的电压，一旦发生触电，会感到剧烈疼痛甚至失去知觉。所以人类在使用家用电器的时候，通常会很小心，避免自身触电。然而，在自然界的动物身上，竟然还存在着更加危险的“电源”。

电鳗足以释放600~800伏电压的电流，其危险程度可想而知。人类若是被其释放的电流击中，很可能当场昏厥。不过，电鳗体内的电流是一种消耗性资源，在连续放电之后，需要适当休息和补充能量，才能恢复原有的放电强度。

电鳗并不会毫无目的地释放电压如此高的电流。释放电流主要是因为自身没有牙齿，不能紧紧地咬住猎物，只能通过电击置其于死地，再吞咽下去。其次就是受到骚扰或是感觉到威胁，电鳗会通过释放电流的方式向对方发出警告。如果将其作为宠物饲养，切忌不要将手伸进水中投喂食物，以免被电流击伤。值得一提的是，电鳗可以自由调节释放电流的电压。当其侦察周围环境时，释放出电压很低的电流，而发起攻击时，就会释放电流较高的电压。

电鳗的放电能力来自于它特殊的肌肉组织所构成的放电体。肌肉组织几乎都能放电，占其身长的80%以上，有数以千计的放电体。电鳗的头部是正极，尾部是负极，每个放电体约可制造0.15伏的电压，而当数千个放电体一起全力放电时的电压便高达600 ~ 800伏，但这种高电压只能维持非常短暂的时间，而且放电能力会随着疲劳或衰老的程度而减退。

电鳗的“电击”之谜

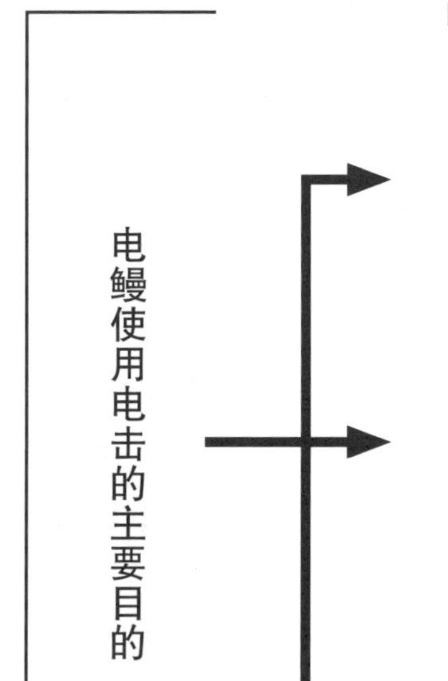

捕食猎物（释放电压较高的电流，将猎物一击毙命）

警告对手（释放电压较低电流，恐吓对手离开）

探侧路况（释放电压微弱的电流，感知周围环境）

电鳗是水中的“高压线”

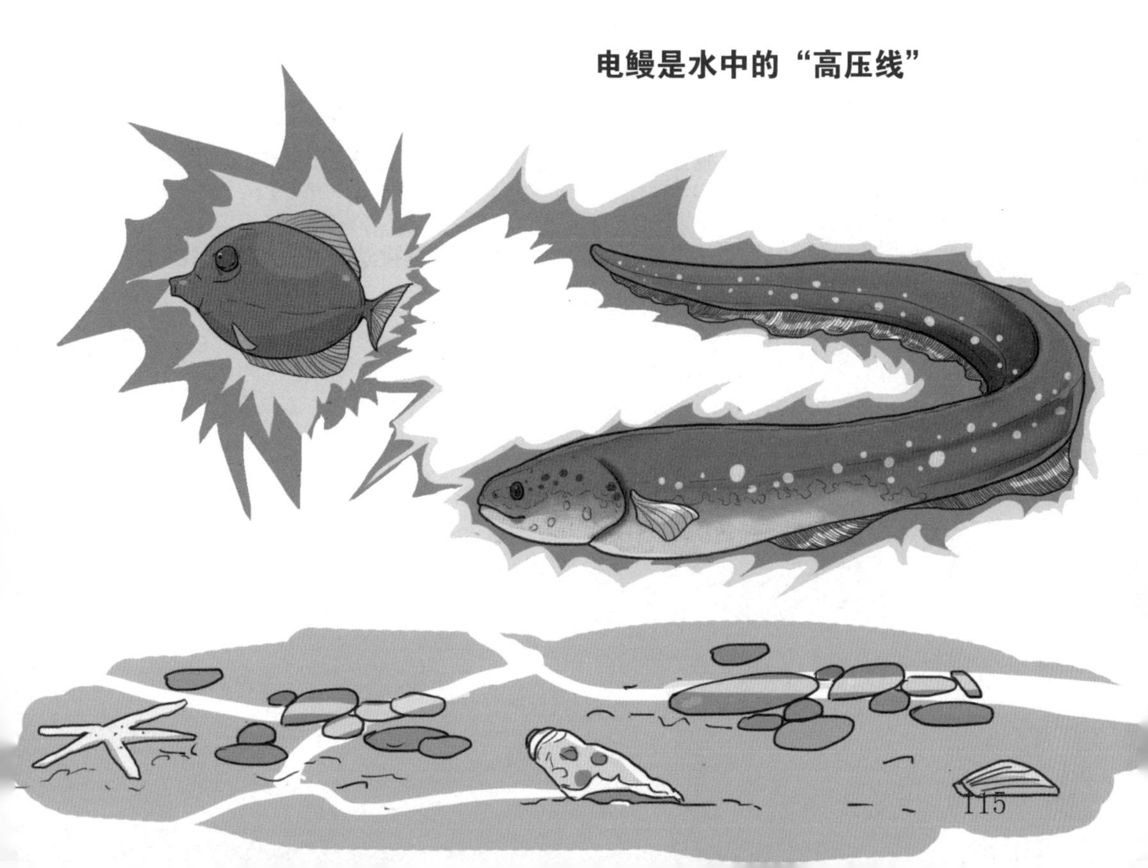

专题 15：动物们有哪些奇特的捕食本领

适者生存，不适者淘汰，是大自然恒定不变的法则。动物们要想活下去，就必须考虑两个问题：第一，怎样躲避、对抗敌害；第二，如何填饱肚子。关于怎样保护自己，在专题 10 中已经略做讲解，而本专题就着重介绍动物们的捕食、觅食方式。

全世界的动物不计其数，动物们为了生存，都练就一身捕食本领。最常见的捕食方式就是在靠近猎物后，快速扑上去用锋利的牙齿和爪子制服猎物。例如：狮子、老虎、猎豹等猛兽大致上都是采取这种策略。

然而，并非每一种动物都能拥有猛兽般的速度和爆发力。因此，它们会根据自身条件，练就各种适用的捕食方式。

生活在海洋中的鮟鱇鱼，由于身体笨重且肌肉松弛，很难快速游泳。它们通常栖息在海底，活动时用充当手臂的胸鳍贴着海底爬行。但行动如此缓慢的鮟鱇鱼，捕食的对象却是比它们灵活百倍的小鱼。为了达到目的，鮟鱇鱼会竖起一根由背鳍演化而来的“钓竿”。钓竿的前端有大量可以发出光亮的细菌，以此来吸引趋光性的鱼类和其他小生物主动靠近，之后趁机吞食。

比起绝大多数动物，蚂蚁的觅食手段似乎更为高明一些。除了整天忙碌的搬运食物，它们还会像人类放牧牛羊一般，“饲养”蚜虫。蚂蚁会将比自己更加弱小的蚜虫，搬运到食物充足的地方，并为其提供驱赶敌害的服务，目的就是为了取食蚜虫分泌出的含蜜物质。

当然，动物们的捕食方式远不止这些，本节只是挑选其中一二举例罢了。对此感兴趣的读者，可以在平时的生活中不断探索发现。

动物们千奇百怪的捕食方式			
根据自身特点，练就捕食本领			
种类	鮟鱇鱼	响蜜䴕	蚂蚁
自身不足:	行动慢	害怕蜜蜂	体型弱小
捕食 / 觅食方式：	以“钓竿”吸引猎物主动靠近	寻找强大的合作者，分享美食	“放养”蚜虫，获取分泌物

找蜜獾结盟的响蜜䴕

044 美味与剧毒并存的食材——河鲀

小档案

中文学名：河鲀

身份信息：动物界 脊索动物门 福鳍鱼纲 鲀形目

身体长度：大多在 10 厘米 ~30 厘米之间

分布地区：地球北纬 45 度至南纬 45 度之间的海水、淡水领域

毒素分布：内脏、肌肉、血液、皮肤等不同部位

外形特征：身体圆润无鳞片，无腹鳍，部分种类体表有刺

食物来源：鱼、虾、蟹、贝壳等

河鲀是什么动物，看着这两个字眼似乎有些陌生。若写成“河豚”，大家可能一下子就能知道了。这不就是那种可以将肚子鼓得圆圆的气泡鱼么？

其实，河豚与河鲀虽然读音相同，并非同一物种，只是由于人们错误的称呼习惯，而将其混淆了。真正的河豚指的是一种水生哺乳动物，外表跟海豚比较接近。

河鲀之所以被人们熟知，不仅是因为它们将肚子鼓大的造型比较别致，更重要的是以其制成鱼片口感十分美味。但是由于最初人们对河鲀不甚了解，导致了多起因进食河鲀而中毒身亡的事件。

河鲀体内具有毒性很强的毒素，且毒素会随着季节而变化。根据品种的不同，分布于体内不同位置，肝脏中的毒素是最为致命的。1975 年，日本一位知名演员，曾因为进食了四份河鲀肝导致中毒而亡。此后，日本政府就严令禁止吃河鲀肝。

为了避免再次发生这样的惨剧，日本政府规定：制作河鲀料理的厨师必须通过严格的训练，并取得相应的执照。因为厨师处理河鲀的方式不当或者品种分辨不准确，就有可能造成食客意外中毒死亡。另一方面，经过长期的研究培育，日本已经成功养殖出了无毒河鲀。

河鲀为什么要膨胀自己的身体

当河鲀遇到比较强大的掠食者，一时间无法逃脱的时候，就会将大量的水或者空气吸入具有弹性的胃中，令身体快速膨胀数倍，起到吓唬对手的作用。部分种类的体表有刺，膨胀后掠食者将很难入口。

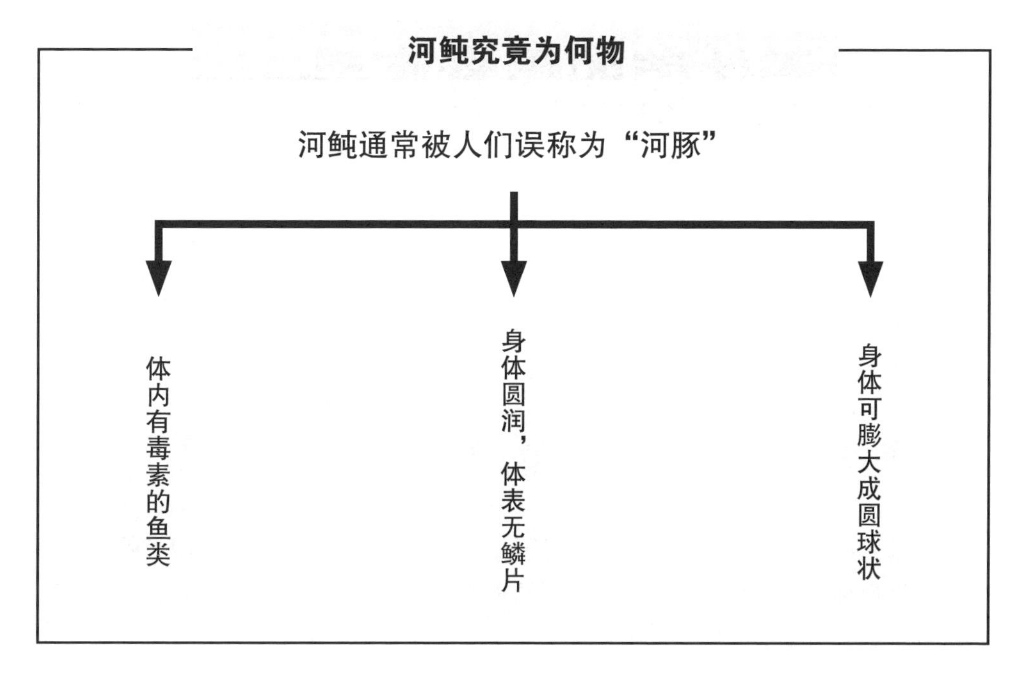

不正确食用河鲀中毒：
呼吸循环衰竭

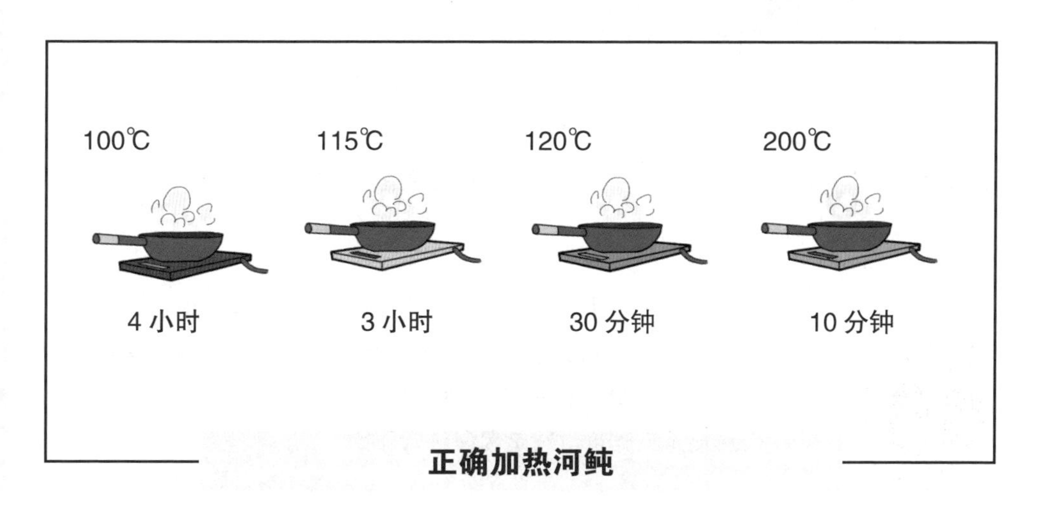

045 善于伪装的用毒高手——海兔

小档案

中文学名：海兔

身份信息：动物界 软体动物门 腹足纲 无盾目

身体长度：不同种类之间差异较大，大多数为10厘米左右

防御本领：融入周围环境，避免被敌害发现

外形特征：头部具有两对触角，体表光滑，色泽鲜艳

生理特点：贝壳极度退化，变为内壳；雌雄同体

食物来源：海洋中的各种海藻

人类最初在给动物命名的时候，通常会运用一些具有该物种特征的字眼。正如海兔之所以称之为海兔，主要是因为它们头部竖立的触角很像兔子的耳朵。由于它们的外形以及行动方式跟蛞蝓很接近，而且生活在水中，因此又得到“海蛞蝓”的别称。它们的身体非常柔韧，在活动时可以伸展成扁平状。

大多数软体动物都有一个非常致命的缺陷，那就是行动速度太慢，海兔也是如此。这就意味着它们遇到敌害的时候，逃跑离开是不可能的。不过，为了生存，海兔也绝不会坐以待毙。它们会在进食的时候，将体表的颜色变成与海藻同样的颜色，与周围的环境自然地融合到一起。加上自身体态与海藻相仿，伪装的时候就更显得天衣无缝了。

除此之外，海兔还有两种更为高级的防御手段。其一，利用体内的紫色腺，释放大量紫红色的液体，将周围的海水染色，阻挡敌害的视线。另一种就是将毒腺分泌的毒液排出体外。这种液体的气味非常难闻，一旦接触后很可能中毒受伤甚至丧命。因此敌害在闻到毒液的气味后，通常会知难而退，快速撤离现场。

由于海兔的造型可爱，而且色彩鲜艳，一些人喜欢将其作为宠物饲养于水族箱中，点缀家庭环境。但需要注意的是，不要随意动手抚摸它们，以免被其毒液所伤。

海兔体内的腺体中含有一种名为“阿普里罗灵”的化合物，可作为抗癌剂。根据实验，其可与作为制癌药剂的肿瘤坏死因子效力相匹敌，而且这种制剂只对癌细胞起杀灭作用，对正常细胞无毒性。

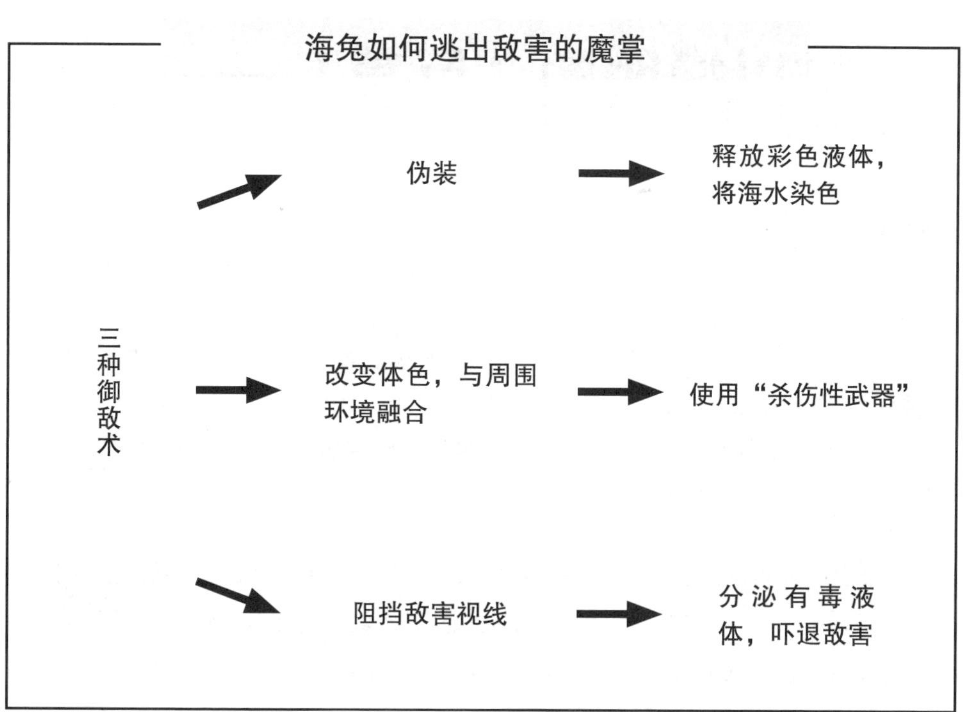
海兔如何逃出敌害的魔掌
三种御敌术
伪装
释放彩色液体，将海水染色
改变体色，与周围环境融合
使用“杀伤性武器”
阻挡敌害视线
分泌有毒液体，吓退敌害

五彩斑斓的海兔

046 难以挣脱的“巨兽”——鲨鱼

小档案

中文学名： 鲨鱼

身份信息： 动物界 脊索动物门 软骨鱼纲 真鲨目

生理特点： 牙齿终身不断更替，一生替换掉3万颗左右

分布区域： 热带以及亚热带海洋

外形特征： 身体大致呈梭形，两侧有5~7条竖向鳃裂

身体长度： 最长的达20米以上，最小的仅十几厘米

食物来源： 海龟、海豹、小鱼、软体动物、浮游生物等

地球上三分陆地，七分海洋。在茫茫的大海之中，不计其数的生物共同生活于此，鲨鱼也是其中之一。人们了解鲨鱼最普遍的方式，就是前往海洋馆，或观看动物类的电视节目。社会新闻偶尔也会报道一些有关鲨鱼的消息，但通常都是一些鲨鱼伤人的事件。

作为海洋食物链顶端的高级捕猎者，鲨鱼有着极为灵敏的嗅觉器官，甚至能够闻到几千米之外的血腥味。部分到海滨城市观光的游客，就是因为身上有伤口仍然下海游泳而遭到鲨鱼攻击。此外，冲浪也比较容易吸引鲨鱼。由于冲浪板的外形跟海豹相似，鲨鱼会误以为发现猎物而发起追击。

值得一提的是，鲨鱼对人并不是很感兴趣，经常只是咬上一口后就离开了。美国一些海洋生物学家认为，鲨鱼之所以不喜欢吃人肉，是因为人肉的味道偏咸，而且脂肪含量不够高，难以快速补充能量。像海狮、海豹、海豚这类“大肥肉”，鲨鱼绝不会轻易让其逃脱。

即便如此，受到鲨鱼攻击依然是非常危险的。它们的牙齿非常锋利，可以轻易地咬断人类的四肢。而受伤者若不能及时游上岸，就会因失血过多而死。更可怕的是，其他鲨鱼闻到血腥味之后，也可能被吸引过来。

事实上，鲨鱼攻击人类只是一个小概率事件。据调查，每年全世界鲨鱼伤人事件几乎不会超过30起，比遭到雷击的概率还要小。

人类为什么会遭到鲨鱼袭击

人类吸引鲨鱼的原因

- 身上有伤口，血腥味吸引鲨鱼
- 冲浪板与海豹相似，让鲨鱼误以为是猎物

鲨鱼是海洋中的追踪高手

专题 16：鲨鱼真的有那么可怕吗

1975 年，电影《大白鲨》上映后，为好莱坞创下了 4.1 亿美元票房的辉煌战绩，并在全球引起轰动。影片中那些血腥、暴力的鲨鱼袭击人类的画面，让人们在观影结束后仍心有余悸。以至于那年夏天很多到海边观光的游客都不敢下海游泳，只是躺在岸上享受一下阳光浴。

鲨鱼是处于海洋食物链顶端的物种，其危险性不言而喻，但它们会威胁到人类的安全吗？其实，现实生活并不像《大白鲨》中所表现的那样恐怖。

电影中的主角大白鲨只是众多鲨鱼中的一种，并不能完全代表整个鲨鱼群体。鲨鱼体型差异很大，最小仅有十几厘米，相当于人类手掌的长度，根本不具备与人类抗衡的能力。何况像大白鲨这类身躯长达数米的大型鲨鱼，不一定全是掠食性鲨鱼，也有一部分属于滤食性鲨鱼。比如鲸鲨、姥鲨、巨口鲨等，都是通过滤食海洋中的小鱼小虾来填饱肚子，对大型的哺乳动物根本不屑一顾。

当然，海洋中掠食性的鲨鱼还是占多数的。它们拥有锋利的牙齿和惊人的爆发力，速度快且行为敏捷，捕食的时候非常凶狠，通常能够一击重创猎物。但鲨鱼有个致命的缺陷，就是视力太差，大多只能看见十几米以内的物体。打趣地说，一头体长 20 米的大鲨鱼，若是能扭过头去，都看不清自己的尾巴。由此可见，在浅海区域玩耍的游客，早就远远超出了鲨鱼的视线范围。

不过，鲨鱼并不是用眼睛来锁定猎物的，而是利用敏锐的嗅觉和感应电的能力。鲨鱼对血腥味的敏感程度，前文中就已经详细讲解过了，在此便不再赘述。而另一项感应电的能力，指的是鲨鱼可以探查到动物肌肉或心脏所发出的微弱生物电，从而确定目标的位置。

即便发现了人类，鲨鱼还是不会贸然发起进攻。毕竟它们一辈子生活在海洋之中，对人类一点也不了解。到底谁更“厉害”一些，鲨鱼自己心里也没谱，而且受到自身生理结构的限制，鲨鱼几乎不敢靠近浅海区域。（鲨鱼属于软骨鱼，一旦被海浪冲上岸，它们的骨架将无法支撑身体的重量。）

新闻上出现的鲨鱼伤人事件，除了前文提到的原因，还有可能是因为人们误闯入鲨鱼的领地，而被鲨鱼惨痛地教训了一番。因此，鲨鱼并不是一种特别可怕的生物。

鲨鱼其实并不可怕

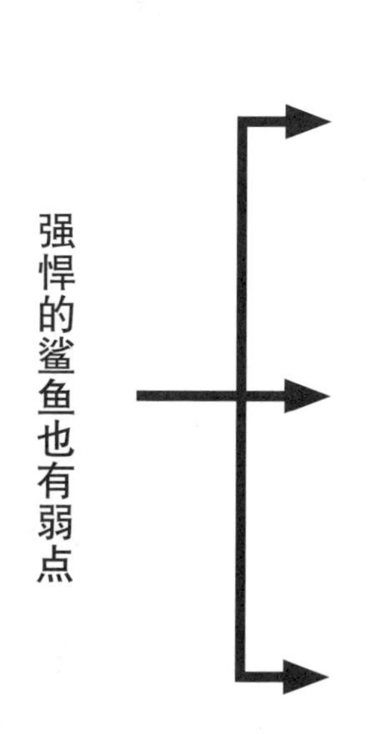

视力差，只能看清十几米之内的物体

属于软骨鱼，搁浅容易死亡

对人类不了解，不敢贸然发动进攻

047 会吸血的“飞鸟”——蝙蝠

小档案

中文学名：蝙蝠

身份信息：动物界 脊索动物门 哺兽纲 翼手目

分布区域：呈世界性分布

居住环境：山洞、树洞、岩缝等光线较暗的地方

食物来源：花蜜、植物果实、昆虫、鱼、动物血液

繁殖方式：胎生，每年繁殖一次

在许多以探险为主题的影视作品中，经常会出现作为旅行家的主人公掉进黑暗的山洞，然后惊动了一群吸血蝙蝠，之后便与之展开殊死搏斗。

事实上，在众多种类的蝙蝠中，只有少数会吸食血液，大部分都是捕食昆虫或是采食植物。而且，对于蝙蝠而言，一个成年人简直就是庞然大物，它们可不敢贸然发起袭击。设计这样的剧情，只是为了吸引观众而已。退一万步来说，即便是被一两只吸血蝙蝠咬了，也不会对人体造成严重的损害。毕竟成年蝙蝠饱餐一顿只需20毫升的血液，根本不足以扰乱人体的正常运作。

综上所述，那蝙蝠岂不是没有任何危害可言？

凡事都有例外，极少数的蝙蝠体内携带有狂犬病毒，而在它们吸食人血的过程中，很可能将病毒带入人体，导致人类最终因此丧命。

（蝙蝠虽然会飞，却不是鸟类而是同人类一样，属于哺乳动物。）

蝙蝠的特殊技能——回声定位

- 在大多数的印象中，蝙蝠是一种视力很差的动物。但事实并非如此，只有部分种类属于这种情况罢了，有的蝙蝠的视力也是相当不错的。而视力较差的蝙蝠，会利用回声定位的方式来补足缺陷。它们先以口和鼻发出一种人类无法感知的超声波，然后通过耳朵聆听反射回来的声波来判断路况以及猎物的位置。
- 科学家们通过对这种回声定位原理的研究，发明了雷达装置，之后被广泛地运用于航空、潜航、侦测预警等各种领域。

蝙蝠对人类有威胁么

通常情况下，蝙蝠并不足以对人类造成威胁

吸血种类只占少数

人类体型“庞大”，不敢贸然袭击

吸血量少，对人体没影响

※ 不排除在吸血过程中让人染上狂犬病毒的可能性

蝙蝠利用回声对昆虫进行定位

超声波在空气中穿过

048 人人喊打的小偷——老鼠

小档案

中文学名： 老鼠

身份信息： 动物界 脊索动物门 哺乳纲 啮齿目

分布地区： 除南极洲外，各大陆均有分布

食物来源： 花生、稻谷、红薯、玉米等

外形特征： 身体呈锥形，尾巴细长，四肢较为短细

生理特点： 门齿发达且终生生长

生存本领： 钻洞、攀爬、游泳等

“老鼠过街，人人喊打”是中国民间一句耳熟能详的俗语。因为老鼠偷吃食物、损毁家具、破坏草原、传播疾病，几乎无恶不作，非常令人反感。据有关调查显示，老鼠每年吃掉的粮食可达数千亿斤，如此庞大的数字，足以解决一个大城市几百万人口数十年的温饱问题。

众所周知，鼠疫不仅是一种死亡率非常高的疾病，也是人类历史上最严重的瘟疫之一。仅 14 世纪在欧洲爆发的一场鼠疫，就导致了数千万人死亡，欧洲称其为黑死病。而老鼠和前文提到的跳蚤，都属于鼠疫的传播者。

在鼠疫横行的时期，欧洲因此丧命的人，几乎占据了所有的死亡人口的三分之一。由于人口急剧下降，当时的店铺作坊纷纷关门大吉，各行各业都陷入了极度萧条的境地，导致整个城市都快瘫痪了。

更令人生气的是，鼠疫虽然是人畜共通的疾病，但老鼠大多对鼠疫病毒有免疫能力，并不会因为受到感染而影响到健康。而人类患上鼠疫之后，若得不到及时有效的治疗，就很可能丢掉性命。

鼠疫最主要的传染途径是通过跳蚤叮咬传播，其次，与感染鼠疫病毒的人或动物直接接触也会传播，极少数情况下也通过摄入传染物传播。

明仔科普时间

鼠疫为什么被称为黑死病？

根据患者感染的症状，可以将鼠疫大致分为淋巴腺鼠疫、肺鼠疫以及败血性鼠疫三种，分别对人体的淋巴腺、呼吸道以及血液造成危害。而患上败血性鼠疫的人群，皮肤会出现血斑，之后斑块逐渐变成黑色，最终全身长满黑斑而死。因此，鼠疫也被称为黑死病。

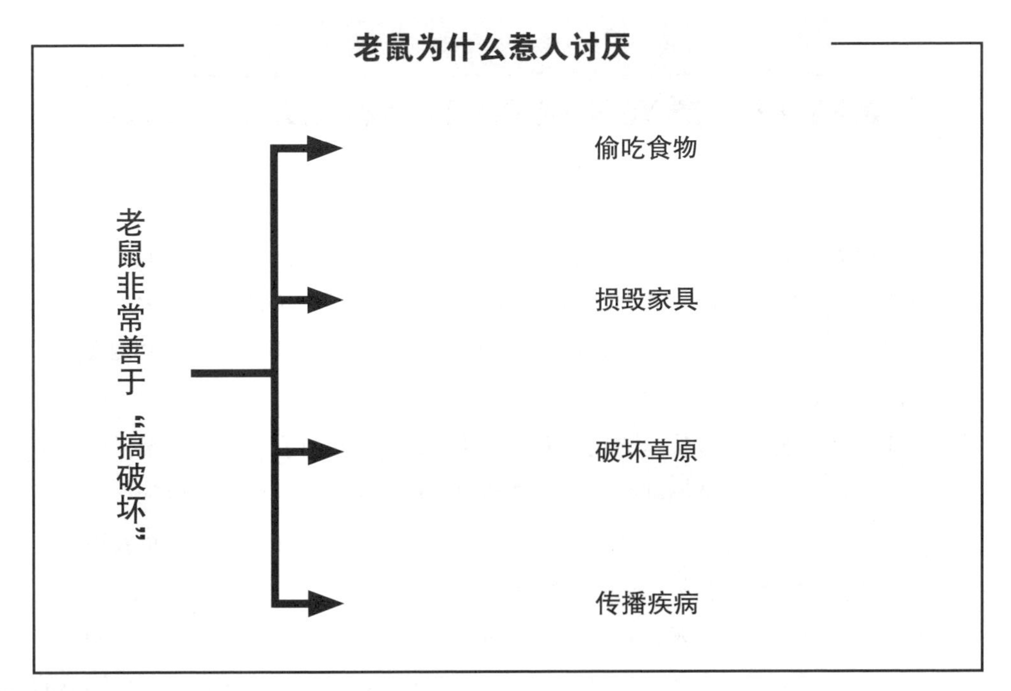

正在偷取鸡蛋的老鼠

专题 17：黑死病对人类社会造成了什么影响

人类历史上很少有一种疾病，能够像黑死病一样对社会造成如此大的影响。无论宗教、政治、经济，还是社会结构、医疗卫生等各个领域都被卷入其中。由前文可知，黑死病是鼠疫中的一种，即败血性鼠疫。在 14 世纪，黑死病肆虐欧洲大陆，成为了欧洲历史上最严重的瘟疫。

黑死病最直观的危害就是造成了人口大量伤亡，上至皇室贵族，下至平民百姓都没能逃脱厄运。人口急剧减少，导致劳动力严重不足，几乎所有的生产行业都无以为继，整个社会经济呈明显的衰退形势。对农业的打击也相当大，大量农田无人耕种，粮食供不应求，造成了多地发生饥荒。

但换个角度来看，黑死病对于幸存者而言，简直就是上天掉下来的“福利”。他们可以享受更多的土地和其他财富，而且也更容易找到工作。毕竟在人口匮乏的情况下，雇主们能找到劳动者就已经非常难得了，绝不敢对其挑三拣四，而且还得按照市场需求支付相应的工资才行。因此，这个时期之后被称为劳动者的黄金时代。产生成本上涨后，许多农场主们感觉经营农田无利可图，于是纷纷转行发展起了畜牧行业，开始大量饲养绵羊，促进了羊毛纺织业的发展。

另一方面，由于神职人员的大量空缺，迫使教会不得不聘请普通人担任神父以及牧师。同时，神职人员的死亡，也令教徒对宗教逐渐产生怀疑。这些因素直接导致了教会的威信受损，甚至动摇了罗马天主教支配欧洲的地位。

此外，黑死病对医疗领域的发展也起到了推动作用，同时波及到了政治领域，使得资本阶级力量不断壮大，加快了社会制度的改变。

明仔科普时间

鼠疫的幕后真凶

鼠疫传播的主力军其实并非老鼠，而是跳蚤。患病后的跳蚤，会因部分消化管道堵塞而感到饥饿万分，之后疯狂地寻找吸血对象。通过吸血行为将病毒传播给人类。

明仔学科普

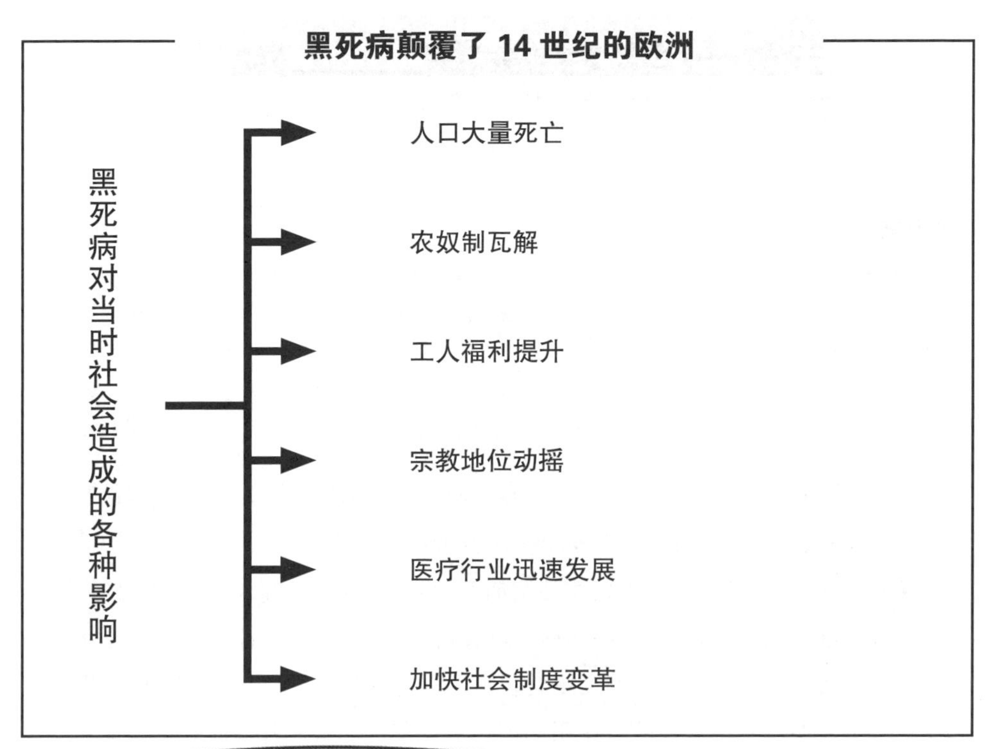
黑死病颠覆了 14 世纪的欧洲
黑死病对当时社会造成的各种影响
人口大量死亡
农奴制瓦解
工人福利提升
宗教地位动摇
医疗行业迅速发展
加快社会制度变革

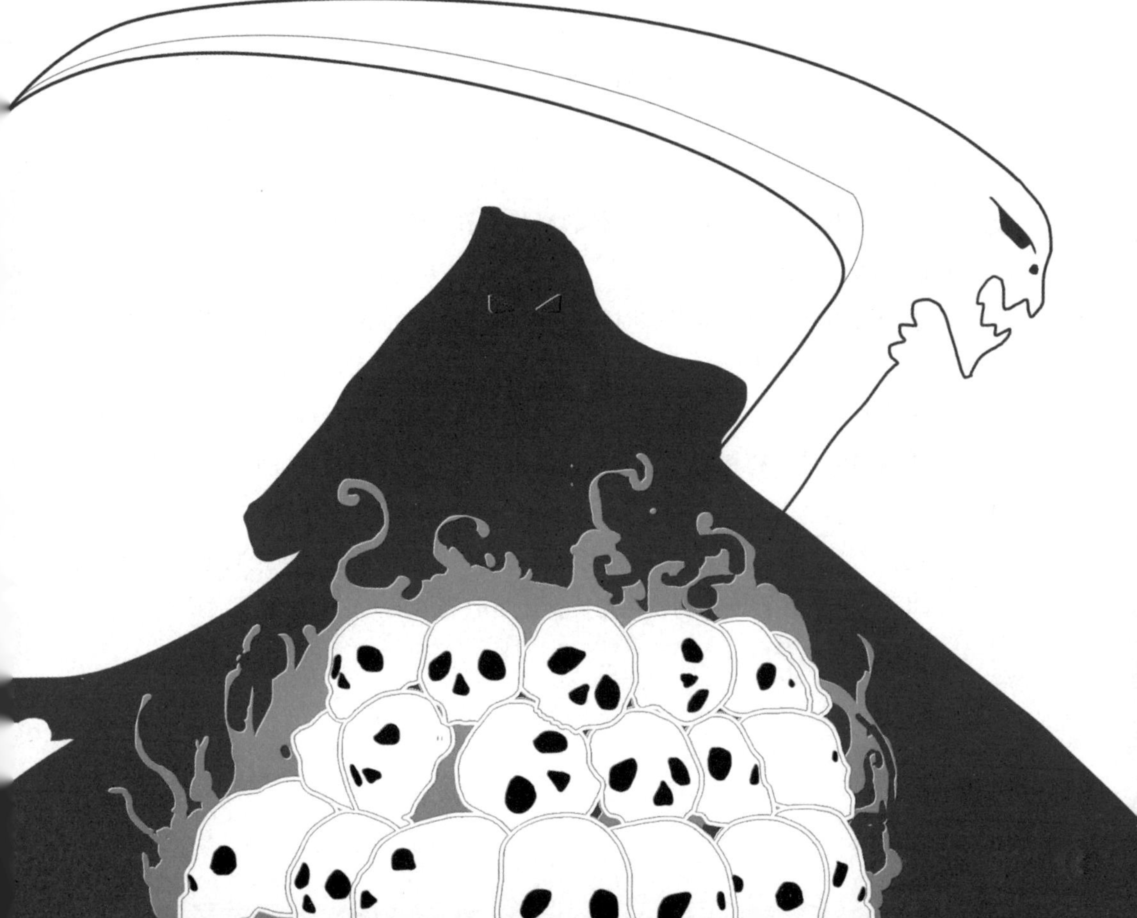

049 唾液中带有病菌——狗

小档案

中文学名： 犬

身份信息： 动物界 脊索动物门 哺乳纲 食肉目

平均寿命： 12年左右

生理特征： 汗腺不发达，非常怕热

皮毛颜色： 黄、棕、白、黑等

社会用途： 狩猎、警用、充当宠物、拉雪橇、搜救等

常见品种： 吉娃娃、哈士奇、京巴、萨摩等

狗是一种性格活泼开朗的动物，很容易调动人类的情绪，让人感觉非常开心。因此，在众多宠物中，狗是全世界饲养率最高的。

有了狗的陪伴，可以给人们的生活增加不少乐趣。但狗在带给人们欢乐的同时，也隐藏着一定的危险。人们与宠物狗嬉闹的时候，很容易被其锋利的爪子抓伤或被牙齿咬伤。通常这种情况下，伤口不会很深，只是刮破皮肤，有少许鲜血流出。人们往往会因为伤势不严重，就直接用创可贴包裹草草了事。若如此处理，很容易埋下安全隐患，甚至可能丢掉性命。

也许在被咬伤的一段时间之后，伤者就会发烧并感到伤口刺痛，接着出现暴力行为、莫名的兴奋、恐惧水声等更严重的症状，直至部分肢体瘫痪、意识错乱或丧失而最终死亡。追根究底，造成这一切的罪魁祸首，就是潜藏在宠物狗唾液中的狂犬病病毒。人类一旦感染此病毒，便容易换上狂犬病。而上述内容就是狂犬病在不同时期的症状。

由于个人体质不同，病发的时间也有早晚差异。有的人短短一周内就开始出现早期症状了，而有的人则在一年之后才病发，但大多数人从染病到病发的时间都是在一至三个月。狂犬病病毒在进入人体之后，会破坏中枢神经，造成患者脑部严重损伤。更可怕的是，狂犬病在病发之前没有任何征兆，只有在症状出现之后才可以确诊。

不过，一般情况下，商店出售的宠物狗都会事先注射疫苗，防止其感染狂犬病毒。但为了以防万一，在被宠物狗咬伤之后，还是应该尽早去医院注射狂犬疫苗。

宠物狗并不可怕，
狂犬病毒才可怕

感染狂犬病毒的
宠物狗抓、咬人类

宠物狗也很危险吗

导致人类感染
狂犬病毒

出现发烧、兴奋、暴力、
意识不清楚等症状

死亡

狂犬病的不同症状

专题 18：狗对人类社会有什么贡献

狗不仅可以当宠物陪伴在人们身边，帮助人们解除烦闷，而且在人类社会的多个方面都做出了突出贡献。

在 16 世纪以前，由于北美洲还没有马匹可以使用，大多是用狗来承担运输任务，以减轻人类的工作负担。其中，狗拉雪橇一直被保留至今，成为了寒冷地区的一项别具特色的娱乐活动。

大部分的狗都具备充沛的体力，敏锐的视觉或是嗅觉，可以帮助人类展开狩猎行动。利用其先天优势可以更快地发现猎物，并围追堵截将其擒获。一些身材娇小的种类，还能够冲进猎物的地下巢穴，让猎物难以逃脱。

有的狗专门从事放牧工作，负责保护和看管家畜，以及帮助牧民将它们驱赶到集市上贩卖。在放牧时，跟随家畜，避免家畜在放牧过程中逃走、遗失，同时防范其他猛兽入侵或他人偷盗。

狗经过训练之后，还可以帮助盲人处理一些生活事务。它们具备良好的教养和导盲技能，当遇到楼梯口时，它会侧身挡住主人的身体作为提示；能够牢牢记住回家的路，指引主人上下班或是前往好友住所等。

在军队和警队，狗也是不可多得的好帮手，可以执行跟踪、搜捕、鉴别、巡逻、消防、护卫、缉毒等不同类型的任务。在军队和警队服役的狗，被称为警犬或军犬，警犬必须具备极其敏锐的嗅觉、听觉和视觉、凶猛的性格、灵活的行动力以及沉着冷静的应对能力，只有满足这些条件，才有保证出色地完成任务。

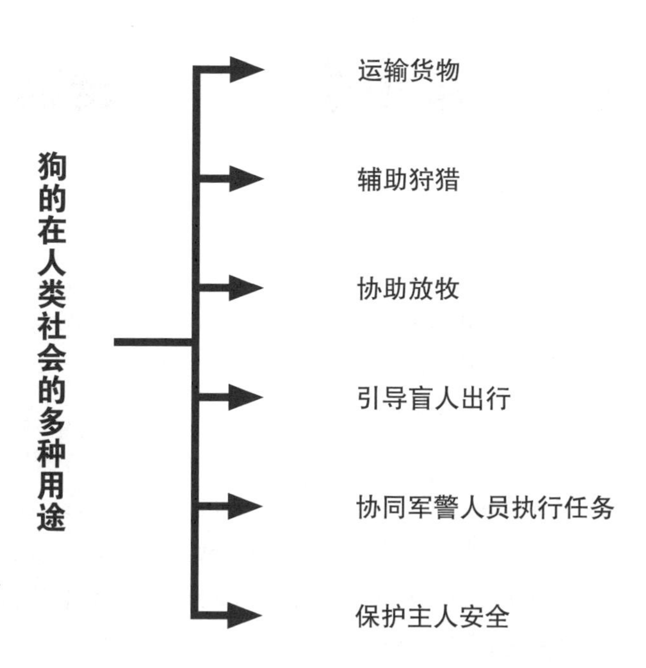
狗的在人类社会的多种用途
运输货物
辅助狩猎
协助放牧
引导盲人出行
协同军警人员执行任务
保护主人安全

050 力量非凡的“拳击手”——袋鼠

小档案

中文学名： 袋鼠

身份信息： 动物界 脊索动物门 哺乳纲 双门齿目

外形特征： 前肢较短，后肢粗壮发达

繁殖特点： 胎儿早产，需要在育儿袋中继续发育

活动方式： 不会行走，只会跳跃或向前奔跳行进

活动速度： 成年袋鼠奔跑的时速50千米以上

生理特征： 雌性有育儿袋，雄性则没有

随着旅游业兴起，出国游也逐渐成为了一项非常热门的度假活动。前往一个陌生的国度，游客们的主要目的就是参观当地美景，感受不同的风土人情。

澳大利亚最具特色的动物莫过于考拉和袋鼠，很多游客都期待与它们近距离接触并合影留恋。但人们往往忘了看似可爱的袋鼠终归是野生动物，它们具有强烈的领地意识。如果不保持适当距离，很容易引起它们的反感而遭到袭击。而且袋鼠的战斗力相当不错，制服一个普通成年人几乎不成问题。

不过，只要人类不主动接近袋鼠，它们也不会随意动手。然而，澳大利亚的袋鼠大多自由地生活在城市里，整日与人朝夕相处，难免与人类产生摩擦。尤其是干旱的时候，袋鼠会因为粮食短缺，而寻找草木更为繁茂的地方生活。所以，偶尔也会出现袋鼠闯入高尔夫球场的事件。而一旦发现了食物后，它们就会强行霸占这块地盘。如果遭到驱赶，袋鼠就会与对方大打出手，无论对方是其他袋鼠还是人类。

除了简单粗暴的拳打脚踢，袋鼠还颇具战斗策略。在澳大利亚墨尔本周边的小镇，曾经发生过这样一件事：当地一位居民在早晨遛狗的时候，无意中惊醒一只正在熟睡的袋鼠。狗追逐袋鼠的时候，袋鼠快速地奔向附近的池塘，成功地将宠物狗诱入水中。之后掉头将宠物狗按在水下，企图将其溺毙。幸亏主人救援及时，狗才捡回性命。但主人也被袋鼠伤得不轻，接受了数天的住院治疗。所以人类还是应该对袋鼠存有一点敬畏之心，毕竟与其发生冲突吃亏的还是自己。

不要轻易靠近袋鼠

袋鼠攻击人类的主要原因

人类误入袋鼠的领地

袋鼠因食物不足闯入人类的生活区域

专题 19：世界各国的代表性动物是什么

从某种程度上说，地球是太阳系中最具魅力的行星，数之不尽的物种在此繁衍生息，谱写了生命的传奇。不同的国家，不同的地理环境，造就了各具特色的生命群体。就像前文提到的袋鼠（澳大利亚的象征动物）一样，每个国家也或多或少地有一些具有代表性的动物，比如下面几种：

中国：大熊猫

美国：秃鹫

英国：知更鸟

俄罗斯：北极熊

德国：鹿

法国：高卢鸡

日本：锦鲤

泰国：大象

新西兰：绵羊

肯尼亚：狮子

西班牙：公牛

加拿大：棕熊

第三章
防不胜防的寄生虫

051 藏在粪便里的寄生虫——蛔虫

小档案

中文学名： 蛔虫

分布地区： 世界各地

身体长度： 雄性成虫约 20 厘米
雌性成虫约 30 厘米

外形特征： 成虫体表有横纹、雄虫尾部多呈卷曲形状

感染症状： 食欲不振、恶心、呕吐、发热、腹部绞痛等

蛔虫是寄生虫中体型较大的一种，其体长可达 20~30 厘米，由于以肉眼就能够轻易观察到，所以早在数百年前就为人所知。目前，全球约有十几亿人被其寄生，分布地区非常广泛，几乎遍布世界各地。

当蛔虫成功寄生于人体之后，将在接下来的 1~2 年时间内尽可能多地繁殖后代。它们会不遗余力地调动体内的生殖器官全力运作，使每天的“产量”保持在 20 万颗左右。部分受精卵随同宿主的粪便被排出体外，在土壤中发育一段时间过后，伴着食物再度回到人体内逐步发育为成虫，如此循环往复。

事实上，只要蛔虫的数量不多且乖乖待在小肠中的话，并不会对人体造成很大的伤害。但若进入胆管或阑尾中活动，就会令人腹痛难忍。

蛔虫虫卵之所以能够伴随食物进入人体，主要是由于人类使用自身的粪便对植物进行施肥造成的。为了摆脱蛔虫，人类逐渐改用化学肥料栽种蔬菜，并大力普及抽水马桶，此后蛔虫就鲜少在人体内作怪了。

但近年来似乎出现了死灰复燃的迹象，一些进口的生鲜蔬菜又让蛔虫与人类再度相逢。另一方面，使用未经处理的家猪粪便，对有机蔬菜进行施肥，也可能让人感染蛔虫。

蛔虫不仅能够引发蛔虫病，还可以造成蛔虫性肠梗阻、胆道蛔虫症、蛔虫性肝脓肿、蛔虫性阑尾炎以及蛔虫性肠穿孔、腹膜炎等疾病。有时还会出现更为严重的情况，当患者重病时，如果使用大量镇静药剂，蛔虫可能会上窜，经咽部进入气管，造成患者窒息。

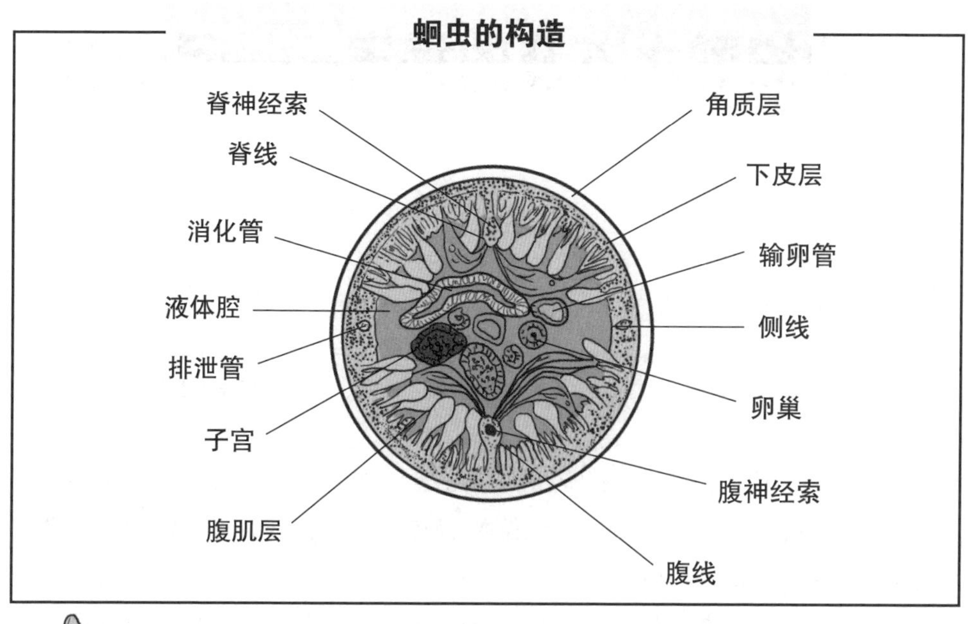
蛔虫的构造
脊神经索
脊线
消化管
液体腔
排泄管
子宫
腹肌层
角质层
下皮层
输卵管
侧线
卵巢
腹神经索
腹线

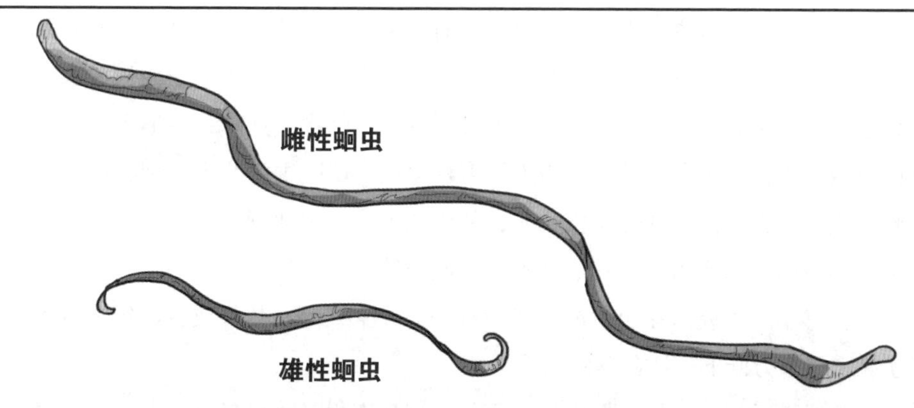
雌性蛔虫
雄性蛔虫

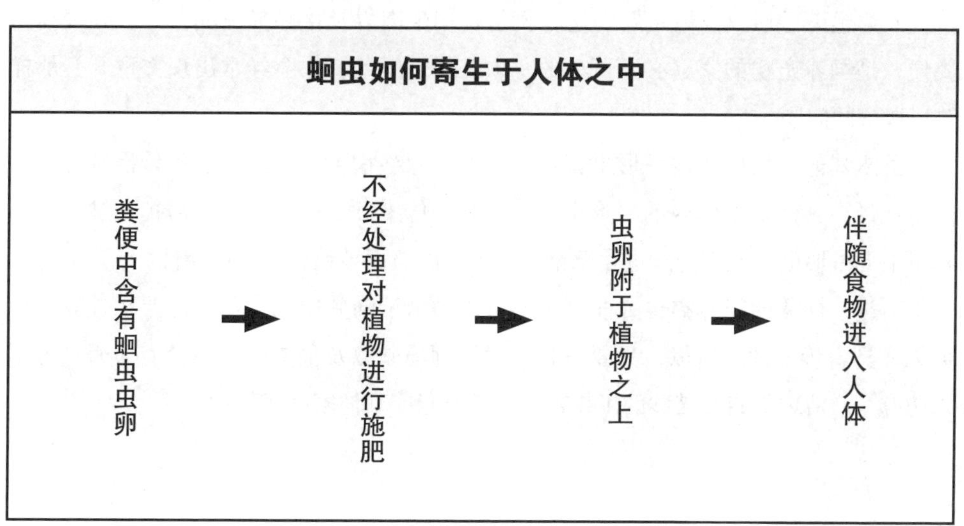
蛔虫如何寄生于人体之中
粪便中含有蛔虫虫卵
不经处理对植物进行施肥
虫卵附于植物之上
伴随食物进入人体

052 孕妇避之不及的祸害——弓形虫

小档案

中文学名： 弓形虫

身份信息： 原生生物界 顶腹门 球虫纲 球虫目

分布地区： 呈世界性分布

宿主构成： 中间宿主：多种哺乳动物以及人类
终宿主：猫以及其他猫科动物

感染途径： 食用生肉、接触猫咪粪便等

感染症状： 发热、皮疹、呕吐、腹泻、贫血等

现代社会，不少家庭在迎接新生命之前都会面临一个尴尬的问题：究竟要不要将饲养的宠物猫扫地出门？事实上，就猫本身而言，并不会对孕妇造成很大的威胁。但寄生于猫身上弓形虫，却让准妈妈们不得不防。

弓形虫是一种形体较小，且结构简单的寄生虫。多种哺乳动物以及人类都是它们寄生的对象，其中以猫和其他猫科动物为终宿主。该寄生虫对孕妇的危害极大，孕妇感染之后很有可能出现流产、早产等各种不良情况。此外，弓形虫可以通过孕妇的血液、胎盘、子宫、羊水、阴道等多种途径，使腹中胎儿也受到感染，导致胎儿畸形或胎死腹中。即便是平安出生，新生儿也不一定能确保安全。仍有可能因此患上弓形虫病，从而引发皮疹、贫血、心肌炎等疾病。更为严重的是，90% 的感染者为隐性感染。也就是在出生的时候没有任何异常，但在数月或者数年之后才出现心脏畸形、智力低下、耳聋等病症。

人类感染弓形虫，最主要的途径就是食用生肉以及接触猫咪粪便。但处理猫咪粪便，是饲养宠物的家庭必不可少的一项工作。因此，才会经常出现文章开头那样难以取舍的问题。

虽然其他动物也能被弓形虫寄生，却不能像终宿主一样将其后代传播到外界。简单地说，其他宿主体内的弓形虫，并不具备传染性。所以人类无需担心被其他动物感染上弓形虫，但不排除进食感染弓形虫的肉类而导致患病的可能性。

不过，怀孕期间养猫也并非完全不可以。由于猫粪中的虫卵，需要在外界发育数天才具备传染性。所以，只要每日及时清理猫砂以及猫粪，就不会有大碍。为了以防万一，清理猫粪和猫砂的工作最好由准爸爸或其他家庭成员代劳。

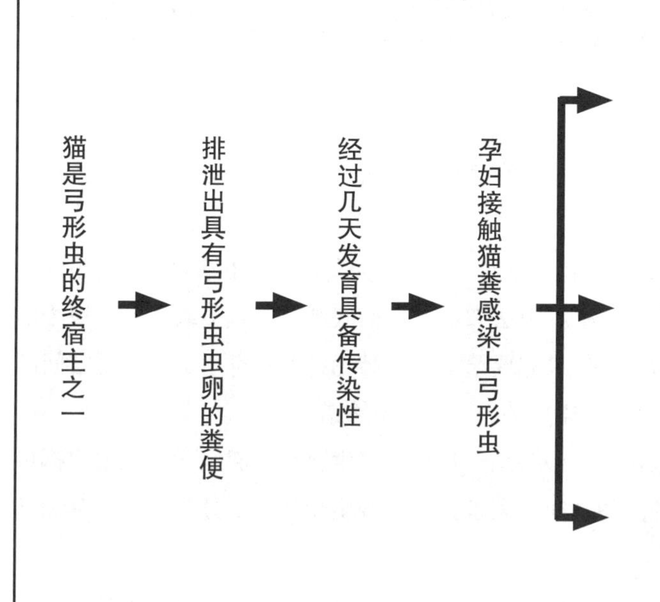

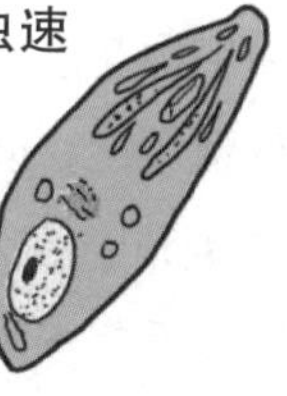

弓形虫速殖子内二芽殖分裂过程模式图

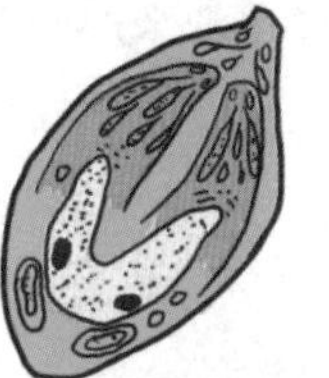

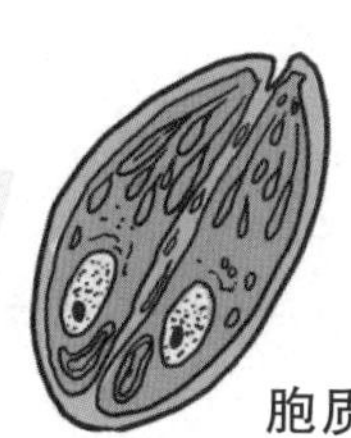

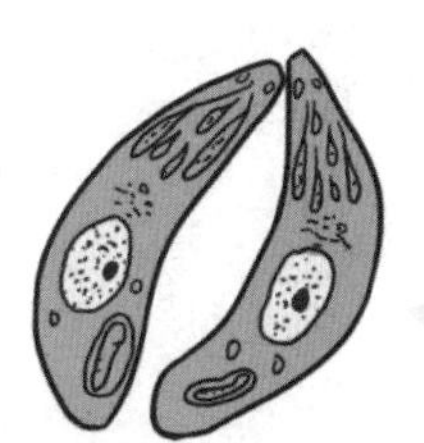

专题20：寄生虫与宿主之间是什么关系

自然界中，动物与动物之间的关系错综复杂，同一物种之间尚且千丝万缕难以理清，不同物种之间就更加说不明白了。

随着物种不断的演化，很多动物都已经“改头换面”，开始了不同以往的生活。若不翻阅其“族谱”层层深究，根本无法知道它们的底细。简直不敢想象，瘦小的吉娃娃居然是灰狼的直系后裔！如果非要给出一个结论，解答寄生虫与宿主之间的关系，那么投机取巧将其定性为“寄生关系”一定不算错。

寄生为共生现象中所包含的一种关系，凡是两种生物在一起生活的现象，都可以称为“共生”。根据两种生物之间的利害关系，共生现象主要分为共栖、互利共生以及寄生三种关系。

共栖指的是生活在一起的两种生物，一方受益，另一方不受影响的关系。海洋中的鲫鱼与其他一些大型鱼就是典型的共栖关系。鲫鱼利用由背鳍演化而成的吸盘吸附在鲸、鲨鱼等动物的腹部，借此避免敌害的攻击。而这些“贴身保镖”并没有占到丁点便宜，同样也不会受到任何妨碍。

而互利共生与共栖稍微有一点区别，指的是生活在一起两种生物互惠互利，达成合作双赢的关系。比如：牙签鸟与鳄鱼。牙签鸟通过帮助鳄鱼剔牙，获取残羹剩饭填饱肚子；而鳄鱼则享受剔牙的舒适，并且牙齿被清理干净后，更利于下次捕猎。

最后一种寄生关系，则指的是一方受益，另一方受损的生活关系。寄生虫与宿主之间的关系就属于此列。寄生虫在宿主的体内摄取营养物质，并在此得以安居乐业。而宿主由于长期被“剥削”，很容易造成营养不良、内脏受损等各种问题，严重时甚至危及生命。

简单地来说，寄生虫与宿主之间的就是“剥削”与“被剥削”的关系。

寄生关系指的是什么

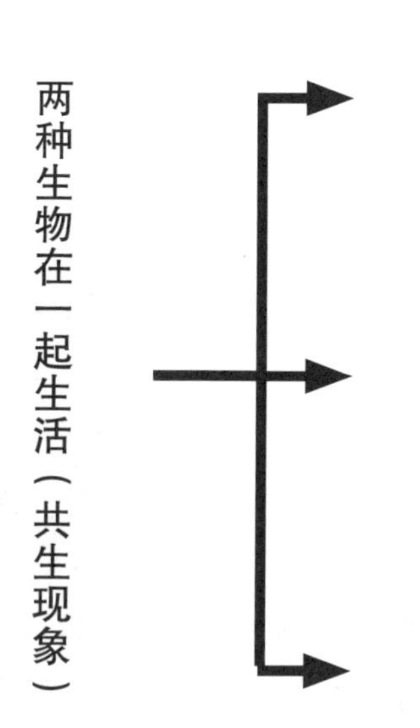

共栖

一方受益，另一方不受影响

例如：鲫鱼与其他大型海洋鱼类

互利共生

双方互惠互利，合作共赢

例如：牙签鸟与鳄鱼

寄生

一方受益，另一方受损

例如：寄生虫与宿主

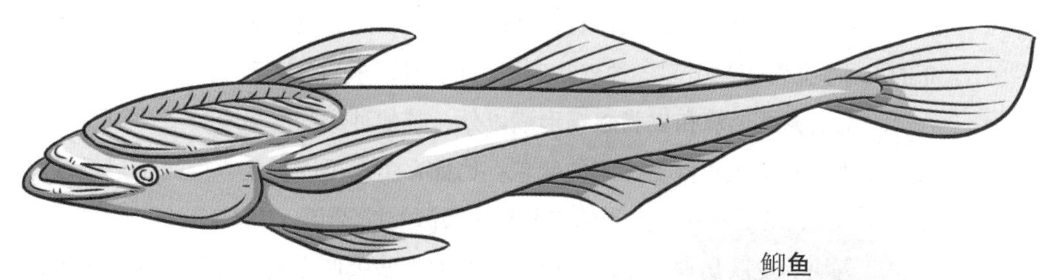

鲫鱼

053 毁坏面容的罪魁祸首——螨虫

小档案

中文学名：螨虫	**身份信息：**动物界 节肢动物门 蛛形纲
分布地区：0.3~0.4 毫米	**分布地区：**世界各地
外形特征：四对足、一对触须、躯体与足部生有细毛	**生长过程：**卵——幼虫——前若虫——若虫——成虫

俗话说：“爱美之心，人皆有之。”但总是不可避免遇到青春痘、黑头、酒渣鼻等烦人的问题，而这很有可能就是螨虫导致的。

寄生于人类身上的螨虫主要有两种，分别为毛囊蠕形螨以及皮脂腺蠕形螨。

几乎所有人都被螨虫寄生，但一般情况下并不会对人体造成严重影响。而对于一些本身油脂分泌旺盛的人而言，情况可能就没有如此乐观了。堆积的油脂加上遍布的虫卵，非常容易引起各种皮肤疾病，而且难以根治，甚至会在面部留下终身印记。

除了毛囊蠕形螨和皮脂腺蠕形螨以外，其他种类的螨虫也会或多或少地与人类有些交集，并给人类留下深刻的印象。比如：尘螨可以引起人类患上过敏性哮喘和过敏性鼻炎；疥螨喜欢在人类的皮肤角质层深处挖隧道，引起皮肤瘙痒，形成丘疹、脓包、斑块等皮肤病灶；革螨则叮咬人类的皮肤吸取血液，导致皮肤发炎或出现水肿性红斑……

螨虫无处不在，被子、毛巾、衣服、床单、地毯里都有它们的身影，就连饲养的家禽也可能成为螨虫的根据地，简直让人防不胜防。不过，只要保持室内干燥、通风，就可以很大程度上避免螨虫滋生。同时，要注意保持室内和个人卫生，尤其是卧室，尽量不要铺放地毯，头屑和皮屑需及时清理干净。衣物和床上用品应定时暴晒，必要时可投入 60℃左右的热水中烫洗，以高温杀死藏匿于其中的螨虫。

据相关统计，每张床铺上的螨虫高达上千万只！但是只要早上起床的时候，不要立马叠被子，就能有效抑制螨虫的生长。这样做可以让被褥里的湿气很快干燥，达到破坏螨虫生存环境的目的。

明仔学科普

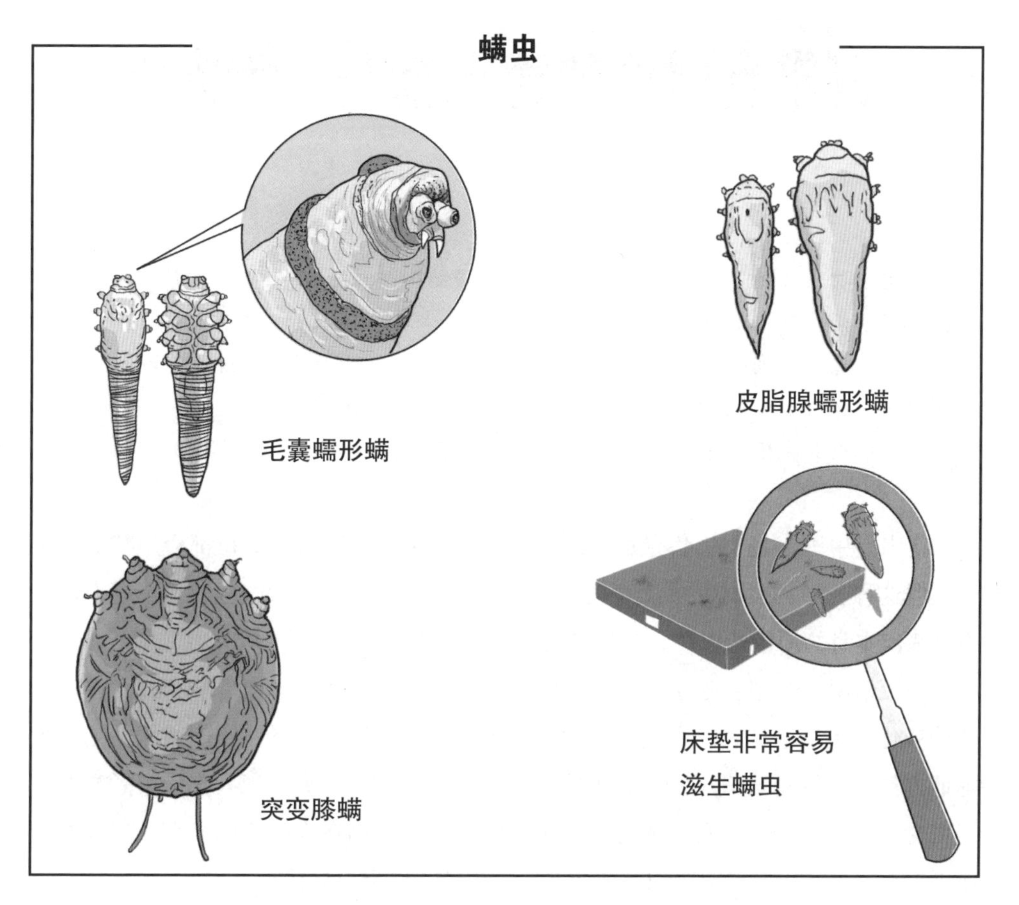
螨虫
毛囊蠕形螨
皮脂腺蠕形螨
突变膝螨
床垫非常容易
滋生螨虫

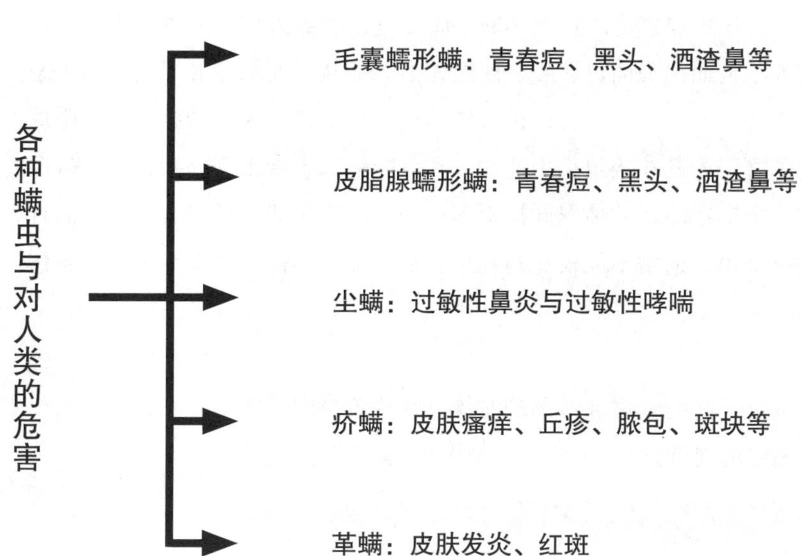
各种螨虫与对人类的危害
毛囊蠕形螨：青春痘、黑头、酒渣鼻等
皮脂腺蠕形螨：青春痘、黑头、酒渣鼻等
尘螨：过敏性鼻炎与过敏性哮喘
疥螨：皮肤瘙痒、丘疹、脓包、斑块等
革螨：皮肤发炎、红斑

054 日常食材中的害人精——猪肉绦虫

小档案

中文学名： 猪肉绦虫

身份信息： 动物界 扁形动物门 绦虫纲 圆叶目

体型大小： 体长 2~3 米，宽 7~8 毫米，全身共有 800~900 个节片

主要结构：（成虫）头节、未成熟节片、成熟节片、妊娠节片

宿主构成： 中间宿主：家猪、野猪等；最终宿主：人类

感染症状： 面黄肌瘦、四肢无力、癫痫等

猪肉是中国市场上销售量最大的一种食用肉类，几乎每家每户都会用其烹制菜肴。但这种普通的食材，在没煮熟的情况下，却可能造成致命的威胁。不过，这并不是猪肉本身的原因造成的，而是猪肉绦虫在从中作祟。

一般情况下，猪在吃了有绦虫卵的食物后，绦虫卵在猪体内胃酸和酶的作用下开始孵化，生出六钩蚴。六钩蚴接着进入猪的循环系统，最终在肌肉组织、脑组织等地方停留，发育成囊尾蚴，并被猪的组织包围形成一个囊。当人吃了未煮熟的有绦虫囊尾蚴的猪肉（通称“米心肉”）后感染，囊尾蚴在人体小肠发育成猪肉绦虫成虫，头节挂在小肠壁以吸取营养和并分生出节片以繁殖后代。

猪肉绦虫成虫通常定居在人体的小肠之中，吸收人体中的营养求得生存，导致患者因营养不良而出现面黄肌瘦、四肢无力等症状。而绦虫囊尾蚴更为可恶，它们并不像成虫那样安分，有时会通过人体的循环系统进入人类的脑组织或眼球，造成更严重的危害。若其在脑组织中活动，则可能引起患者出现癫痫，数量过多时甚至造成死亡。寄生在眼球的情况同样不容乐观，很有可能导致患者失明。而且人类一旦感染猪肉绦虫，通常不能仅凭药物进行治疗，大多需要采取手术摘取虫体，将其清除干净。

所幸的是，猪肉绦虫对高温的适应能力不是很强，放入沸水中烫 5 分钟左右就会死亡。因此，在吃火锅或炒菜的时候，要注意将肉类完全煮熟，尽量不要生吃或进食半生不熟的肉类。

猪肉绦虫在不同阶段的区别

两个不同阶段	成虫	绦虫囊尾蚴
体长	2~3 米	2~10 毫米
寄生部位	小肠	内脏、脑部、眼睛
对人体的危害	营养不良、消瘦、四肢无力	癫痫、失明、死亡

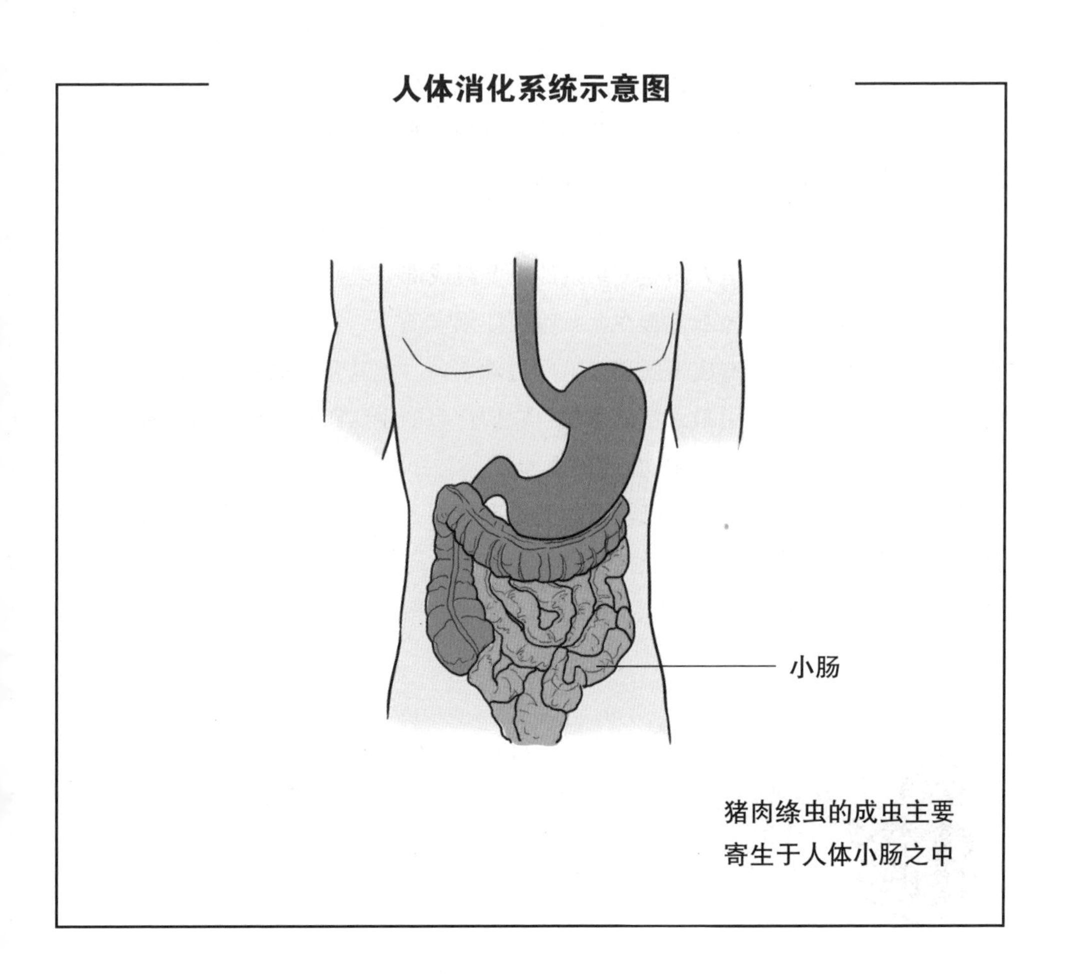

055 危害淋巴组织的坏蛋——丝虫

小档案

中文学名： 丝虫	**传播媒介：** 蚊、蚋、库蠓
主要种类： 班氏丝虫、马来丝虫、蟠尾丝虫	**成虫寿命：** 大多为 4~10 年
	引发疾病： 淋巴丝虫病、蟠尾丝虫症
基本特征： 成虫为乳白色，身体细如丝线	**身份信息：** 动物界 袋形动物门 吸虫纲

人类是蟠尾丝虫唯一的终宿主，它们虽然依附人类生存，但却并不懂得知恩图报。由其传播的蟠尾丝虫症，是全世界位列第二可导致失明的重大感染症，其危害性仅次于沙眼。

该寄生虫最初寄生于一种吸血蝇类蚋的体内，当蚋吸取人类的血液时，部分虫卵便经由其口器进入到人体，之后逐步发展为成虫危害人类健康。除了之前提到的损害视力，蟠尾丝虫还可能引起皮肤瘙痒、发炎、水肿等病症。此外，丝虫家族中的其他成员也十分棘手。以班氏丝虫和马来丝虫为例，由它们引起的淋巴丝虫病会令人产生头疼、肌肉关节疼痛、局部淋巴结肿大疼痛、高烧等一系列症状。

众所周知，淋巴结是人体免疫系统的重要组成部分之一，受损后将大大降低人体的免疫功能。一些细菌和病毒在此时很可能乘虚而入，造成更严重的危害。另一方面，淋巴结肿大还会造成不同程度上的行动不便，尤其是下肢受感染的情况下。而蚊子便是将这些丝虫引狼入室的家伙，它们行事的手法跟蚋如出一辙，都是在吸取人类血液的时候，趁机散播寄生虫的虫卵。

因此，防蚊灭蚊是防治淋巴丝虫病的关键所在，尽量远离蚊蝇聚集的地区。而且应该积极参与抽血检查，防止传染源不断扩散。若蚊蝇落入水杯中，应立即将水倒掉，并彻底清洗杯子。避免其体内的丝虫溢出，残留在杯子中，导致自身受到感染。

世界六大热带疾病

1、麻风病　　2、疟疾
3、血吸虫病　　4、丝虫病
5、利什曼病　　6、锥虫病

丝虫究竟有多可怕

丝虫的主要种类以及危害

蟠尾丝虫：皮肤瘙痒、发炎、水肿；失明

班氏丝虫：头疼、肌肉关节疼痛、局部淋巴结肿大疼痛、高烧

马来丝虫：头疼、肌肉关节疼痛、局部淋巴结肿大疼痛、高烧

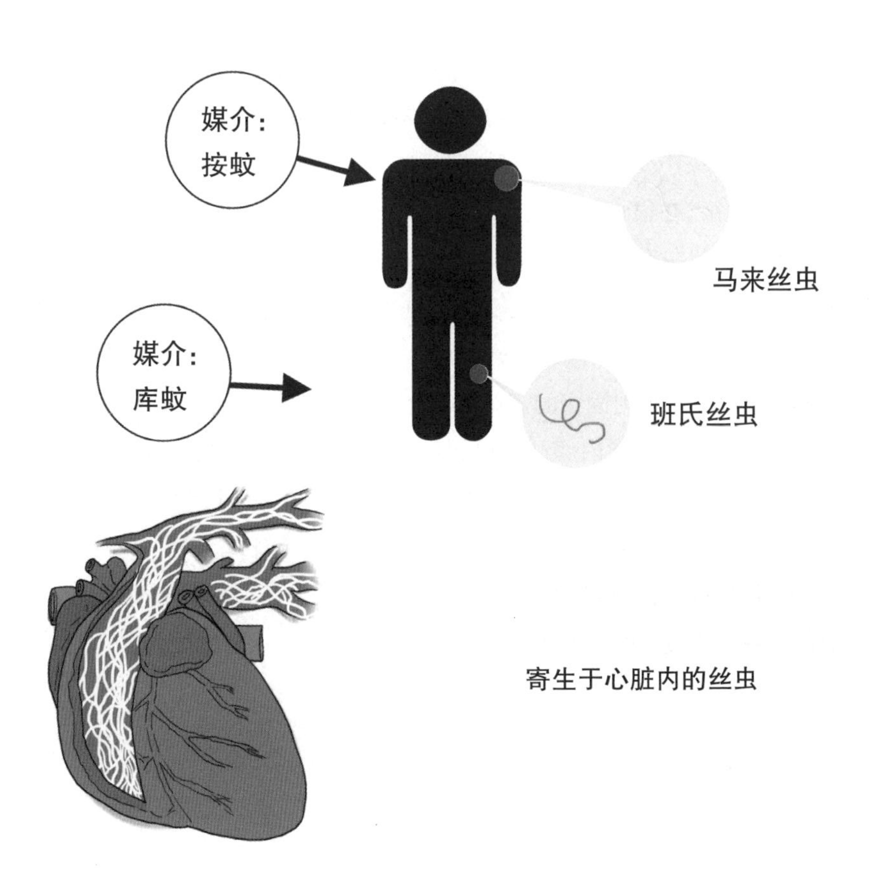

专题21：寄生虫有哪些生存手段

在人类尚未出现的时候，地球上就已经存在寄生虫了。能够在优胜劣汰的自然界中存活至今，积攒的生存经验和应对手段肯定不少。

作为大多数完全需要依赖于宿主的寄生虫而言，很多事情难免“身不由己”，像更换宿主，或是需要将卵产于特定的环境中等情况时，往往要得到宿主的配合才行。但寄生虫不可能跟宿主来场面对面的“谈判”，所以只能另辟蹊径达到自己的目的。

以弓形虫为例，它们的最终宿主仅有猫和其他猫科动物。当其寄生于其他动物体内时，只能进行无性繁殖，无法向外界传播后代。这一点，对于种族的延续是明显不利的。为了突破这种局限，寄生于鼠类的弓形虫，会令宿主的免疫力、反应能力以及行动能力都有所下降，导致其难以逃脱猫的抓捕。借此机会，弓形虫就能顺利地进入猫的体内继续发育。此外，麦地那龙线虫在繁衍后代之时，同样要了一些小聪明。由于之前书中已经细致地讲解过，此处就不再赘述了。

然而，光靠“机智”是远远不够的，还必须具备较强的适应能力。毕竟自然环境不可能长期一成不变，如果不能快速适应，很可能就会被淘汰。虽然寄生虫主要依赖于宿主生存，在很大程度上丧失了独立生活的能力，但是它们对寄生的内部环境的适应能力，却在不断增强。

就外部结构而言，寄生虫为了适应不同的“居住场所”，会对自身稍微进行一些“调整”。比如：寄生于肠道的寄生虫，大多为长条形，以便穿梭于狭窄的肠腔。还有一些寄生虫出于吸附固定的需要，演化产生了“吸盘”这一特殊器官。

另一方面，寄生虫的内部结构也会根据生存需要，做出相应的改变。一些寄生虫为了保证后代的“产量”，会尽可能地“扩大”自身的生殖器官。最常与人类打交道的蛔虫正是如此，成虫的生殖器官几乎占据了整个身体。

此外，现代医学的迅速发展，也成为了寄生虫生存的一项严峻挑战。在人类与寄生虫的多番“较量”中，一些寄生虫种类甚至具备了一定的抗药性。

没有自理能力的寄生虫如何生存

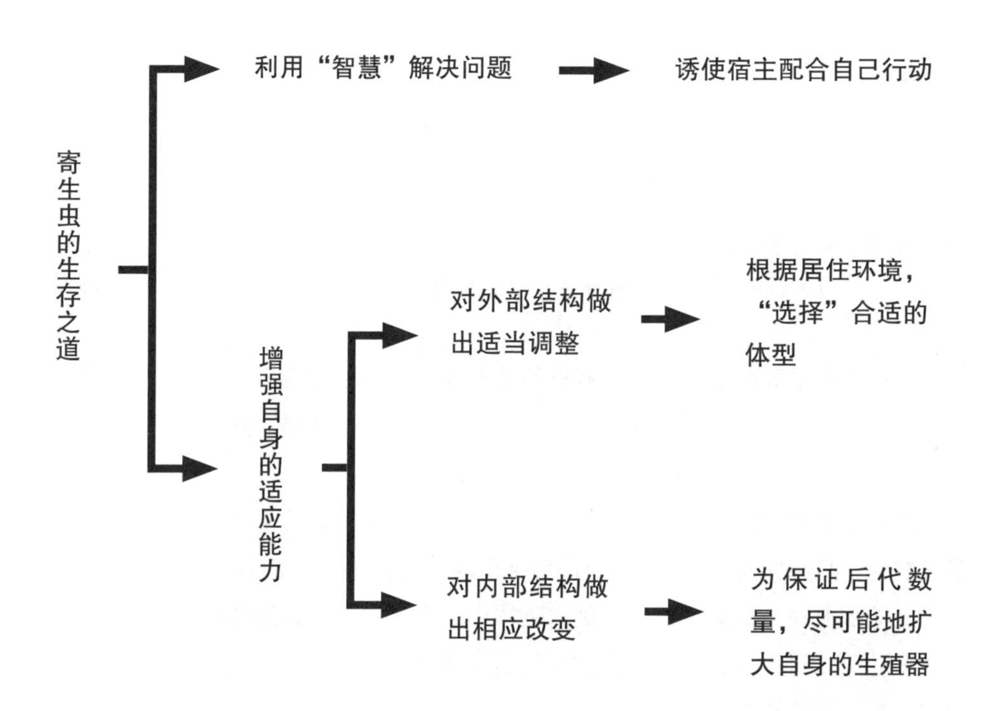

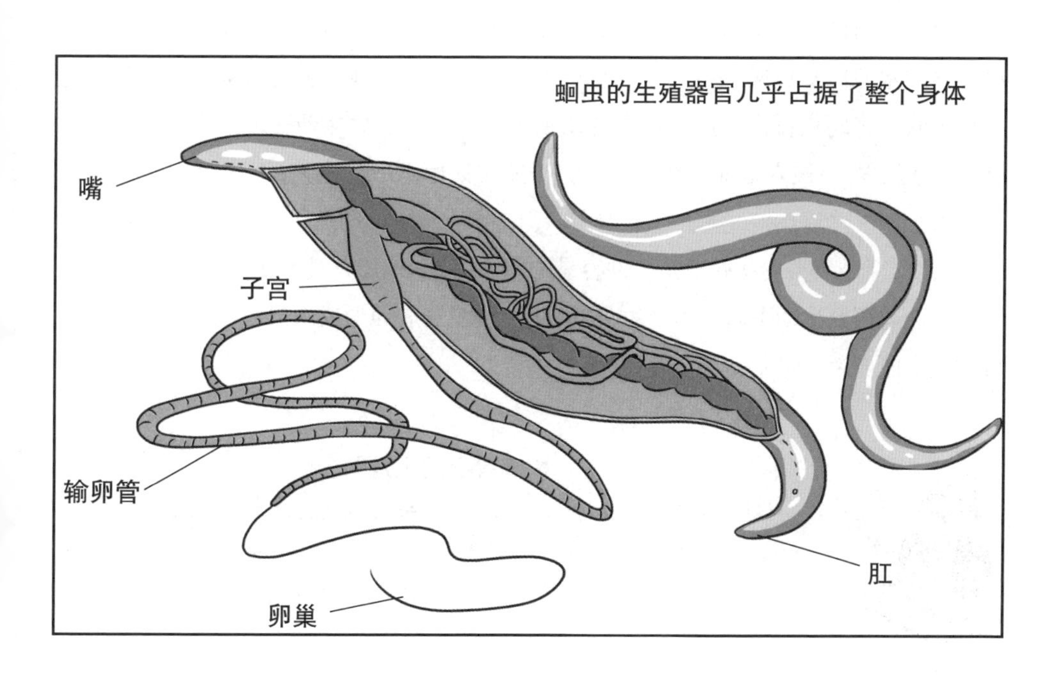

蛔虫的生殖器官几乎占据了整个身体

056 让人产生灼烧般的疼痛——麦地那龙线虫

小档案

中文学名： 麦地那龙线虫

身体长度： 雌性成虫最长可达 1 米左右
雄性成虫通常不超过 4 厘米

外形特征： 成虫呈细长的线状，体表光滑为白色，上面有环纹分布

身份信息： 动物界 线虫动物门 胞管肾纲 驼行目

宿主构成： 中间宿主：剑水蚤
最终宿主：人类

感染症状： 丘疹、水泡、溃疡、脓肿等

在许多魔术表演中，经常能够看到魔术师从手中突然变出一朵玫瑰花，引得全场观众为之欢呼喝彩。而在非洲的许多地区，类似的“戏码”几乎每天都在上演。当地居民可以凭空从足部皮肤中扯出一条细长的“白线”。

其实，真相非常简单，所谓的“白线”是一种线虫类的寄生虫，学名为：麦地那龙线虫。其成虫大多在人类的足部皮下活动，患者常用小木棍将其卷出体外。

麦地那龙线虫的幼虫寄生于剑水蚤体内，当人们不慎饮用含有剑水蚤的水时就可能被感染。进入人体的幼虫将逐步发展为成虫，而雌性成虫会在即将“临盆”的时候，找寻合适的机会将幼虫送出人体。

为了达到目的，它们会令患者的患部产生犹如大火灼烧一般的疼痛感，迫使其尽快寻求水源冷却以减轻痛苦。一旦患者“中计”，雌性成虫就将毫不犹豫地穿过患部皮肤，将幼虫排出。产于水中的幼虫被剑水蚤吞食之后便达成了它们生命史的循环。想要避免被麦地那龙线虫寄生，需要对饮用水严格把关，不喝不洁净的水以及生水。

当然，穿透人类皮肤并不是一件容易的事，因此麦地那龙线虫提早就做了“功课”。它们先通过频繁活动引起人体产生免疫反应，使皮肤表面形成水泡，待水泡溃破之后，行动起来便事半功倍了。

疼痛等级的大致划分

针尖刺到手背：1~3 级　　头发被用力拉扯：4 级
被刀割伤手、扭伤：4~7 级　　孕妇生产：7~8 级
三度烧伤、偏头痛：8~9 级　　晚期癌症疼痛：10 级

麦地那龙线虫如何将幼虫产入水中

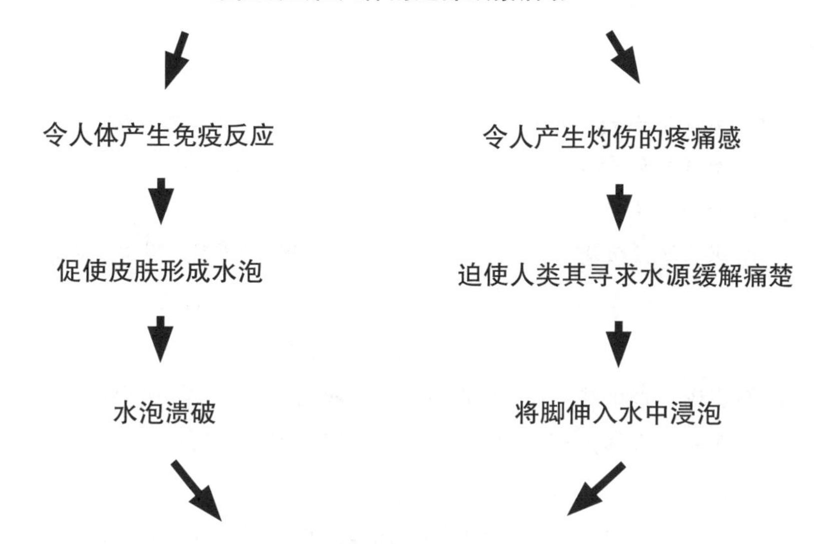

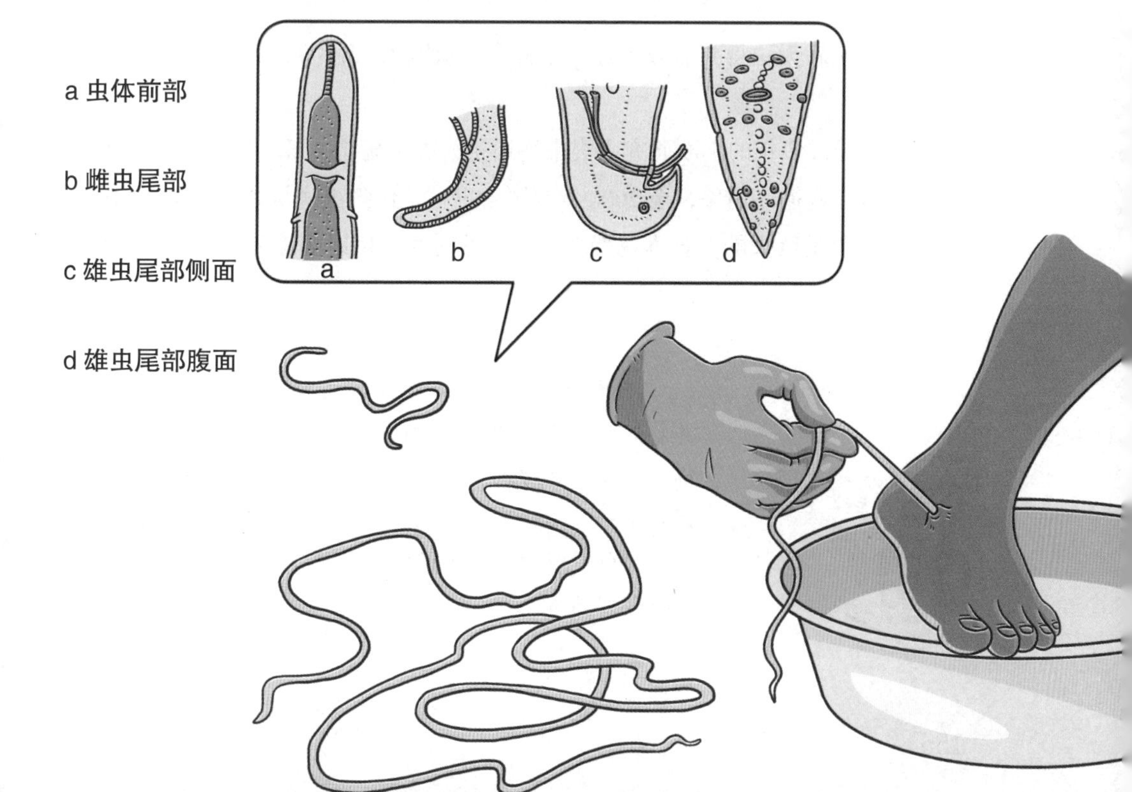

057 在血液中作祟的家伙——血吸虫（1）

小档案

中文学名： 血吸虫

身体长度： 雌性成虫约20毫米
雄性成虫约30毫米

身份信息： 动物界 扁形动物门
吸虫纲 复殖目

宿主构成： 中间宿主：钉螺

最终宿主： 人类、猫、鼠、牛等哺乳动物

分布区域： 东亚 东南亚

生长经历： 虫卵—毛蚴—毛蚴—母胞蚴—子胞蚴—尾蚴—童虫—成虫

炎炎夏日，孩子们大多喜欢游进河流中痛快地洗个澡，有时还会展开集体捉鱼或摸螺蛳的游戏。而此时，血吸虫很可能乘虚而入，钻进人类血管寄生下来。

血吸虫在进入人体之后，将寄生于肝脏或肠系膜静脉之中。一旦安顿下来，它们便不断地在血管里产下受精卵。当受精卵达到一定数量就会造成血管堵塞，导致宿主出现肝硬化、腹部积水、贫血与脑损伤等症状，严重时可能导致死亡。

在过去，日本的山梨县曾是该国最大的感染地带，由于当时的医生不明病理，无法对症下药，令许多患者因腹中积水过多而不治身亡。被血吸虫折磨的患者起初会出现咳嗽、胸痛等症状，之后逐步发展为腹部膨大，腹壁静脉怒张。更严重的问题是，由于疾病无法得到有效治疗，令许多民众陷入了恐慌之中，担心厄运会降临到自己身上。

所幸，经过多年的不断研究人类最终还是战胜了病魔。日本山梨县于1996年正式宣布血吸虫病彻底消失，至2000年福冈县也宣布血吸虫病从此终结了。然而，为此付出的代价是巨大的。日本花费了上百年的时间，用以驱除血吸虫，人力物力更是不计其数。

日本最后一次是在福冈县久留米市发现钉螺，并在此进行了大规模的捕杀。久留米市为了哀悼钉螺，建立了《宫入贝供养碑》。“宫入贝”即钉螺，因日本一位名叫宫入庆之助的博士，对其研究非常深入，为解开吸血虫病之谜做出了突出贡献，便以此命名以作纪念。

血吸虫寄生人体的过程	血吸虫寄生人体的危害
人类在河边嬉戏、水田劳作	血吸虫在血管中产卵
↓	↓
接触钉螺	虫卵过多堵塞血管
↓	↓
血吸虫钻入血管	人体出现肝硬化、腹部积水、贫血与脑损伤
↓	↓
寄生于肝脏或肠系膜静脉之中	严重时导致丧命

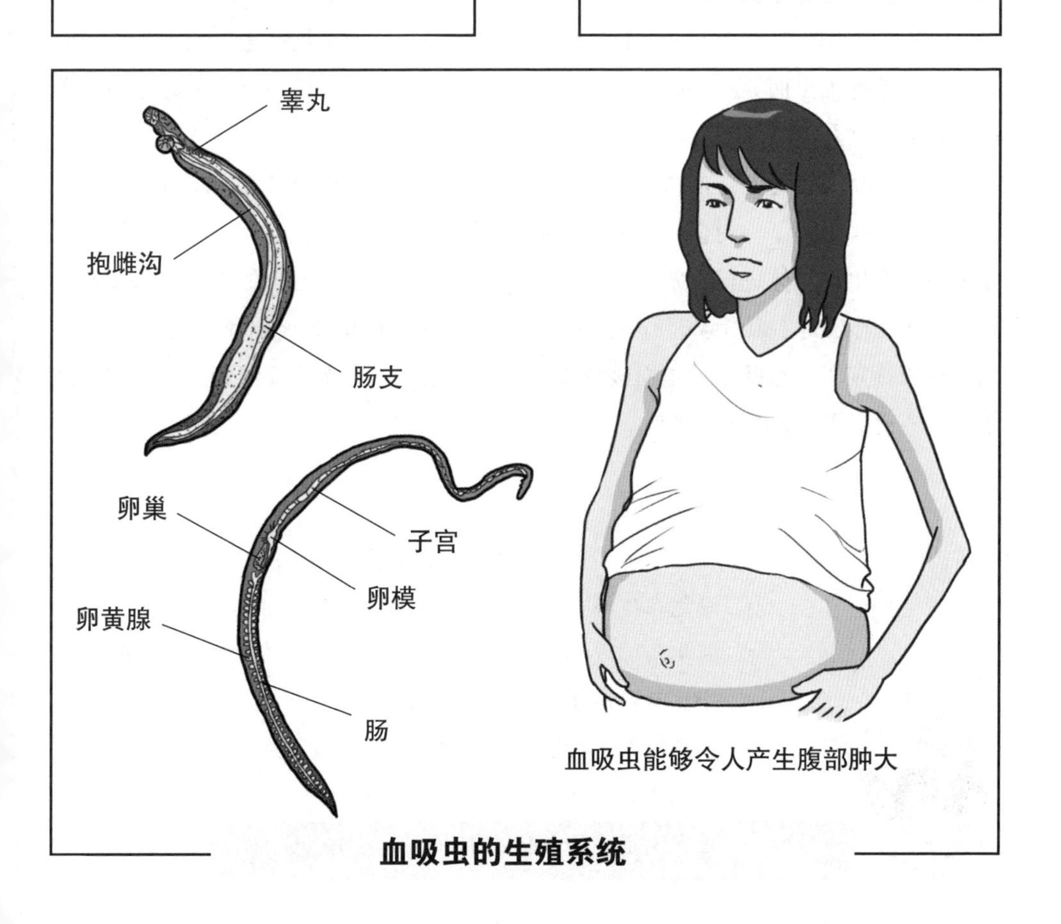

血吸虫能够令人产生腹部肿大

血吸虫的生殖系统

057 在血液中作祟的家伙——血吸虫（2）

世界三大寄生虫疾病分别为疟疾、丝虫病和血吸虫病。其中，血吸虫病是由血吸虫引起的一种慢性寄生虫病，世界上已经有超过2亿人被感染。目前，全球只有日本成功清除了这种血液寄生虫，为此全国不惜将钉螺一网打尽，以绝后患。

可在众多能供血吸虫寄生的动物中，为何只有钉螺成为了众矢之的？这就要从血吸虫的生活史谈起了。

1

血吸虫在宿主体内产下的卵，会与粪便一同排出，之后在水中进行孵化。幼虫由此侵入钉螺体内继续发育，不久便再度游回水中，若人类接触具有血吸虫的水源便容易受到感染。由此可见，钉螺就是驱除血吸虫的关键所在，只要将钉螺全部消灭，血吸虫的生活史就会被阻断，从而无处容身最终走向灭亡。

但从知晓血吸虫的存在，到解密血吸虫的生活史，经历了数年之久。而在此之前，日本对由该寄生虫而导致的腹部积水，几乎无从下手治疗，最终只能眼睁睁地看着患者痛苦地死去。

2

发现血吸虫的契机，来源于日本一位备受病痛煎熬的农妇患者。1879年，她给自己的主治医生写了一封信，要求在死后解剖身体，以求寻找病因。如其所愿，在她死后，医生将尸体进行了解剖。结果在尸体内发现了数以万计的虫卵，这才明白原来此病是感染寄生虫所致，使医学界有了进一步的研究方向。经过不断的研究发现，人类终于锁定了“钉螺是日本血吸虫唯一的中间宿主”这条重要线索，从而成功地解决了一道存留已久的医学难题。

预防血吸虫病的注意事项

- 避免在钉螺生长的湖泊、河流或水渠中游泳、嬉戏。
- 因生活需要不得不接触有钉螺分布的水源时，应事先涂抹防护油膏。
- 一旦接触有钉螺分布的水源后，应及时进行检查。
- 人们在水田中耕种时不宜赤脚劳作，尽量穿雨靴，防止寄生虫从脚部钻入体内。

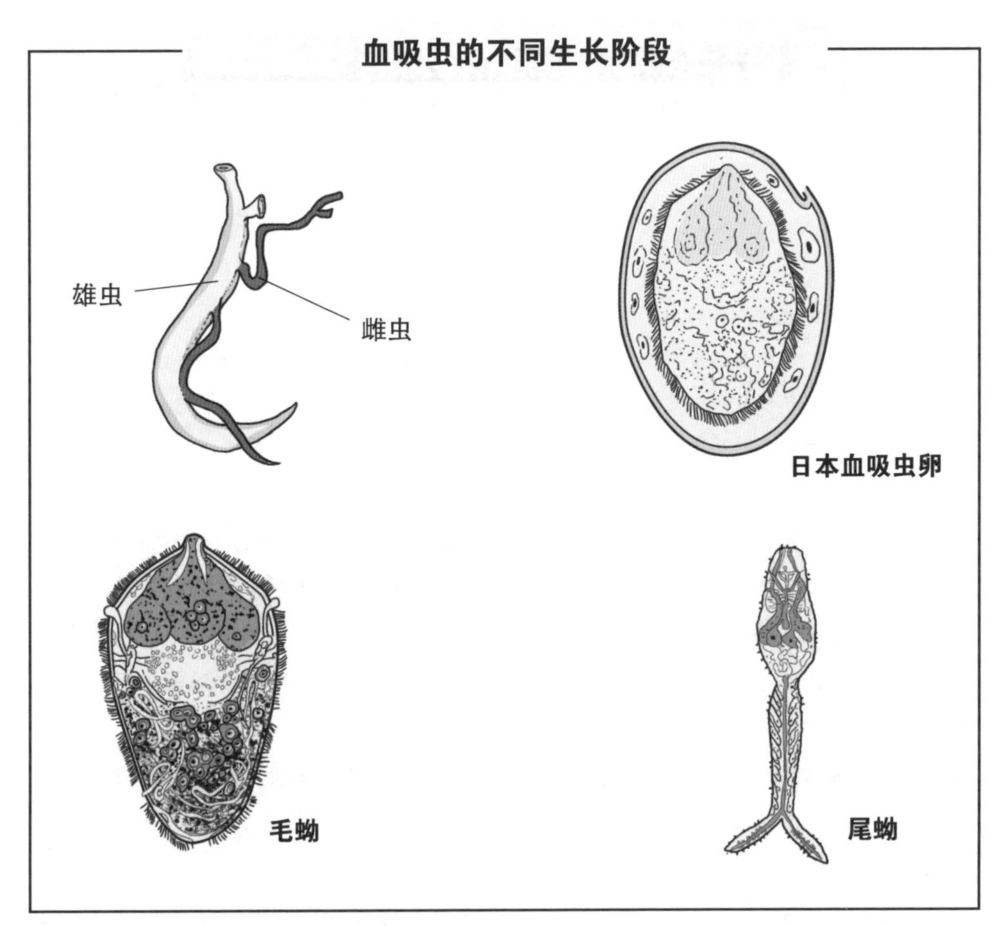

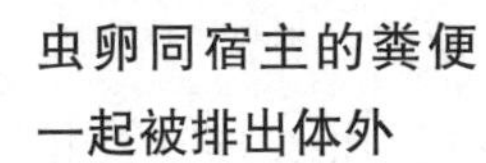
虫卵同宿主的粪便
一起被排出体外

在水中进行孵化

血吸虫的生活史

寄生于钉螺体内
进行发育

再度回到水中

侵入人体继续发育、
交配、产卵

058 令人昏睡不醒的祸害——锥虫

小档案

中文学名： 锥虫

主要种类： 布氏罗得西亚锥虫、布氏冈比亚锥虫

分布地区： 呈世界性分布，其主要种类则分布于非洲及美洲部分地区

引发病症： 昏睡症

传播途径： 唾液传播、粪便传播

传播媒介： 舌蝇（也称采采蝇）

宿主构成： 人类以及牛、猪、山羊等动物

在《格林童话》中，有一个著名的故事叫作睡美人。讲述的是，美丽的公主受到邪恶的巫婆诅咒而沉睡百年，最后被深情的王子吻醒。许多少女读者在看过故事之后，都希望成为其中的睡美人，静静地等待王子出现。但现实生活中，在不服用药物的情况下，人类最多只能睡上几十小时，像睡美人一样长年昏睡根本不可能，除非脑子有问题。

需要解释的是，上面所说的脑子有问题并不是一句玩笑话，而是真实存在的一种可能性。在寄生虫家族中，有一类名为锥虫的家伙就可以导致人类陷入深度睡眠，甚至一睡不醒。

危害人类的锥虫主要为布氏罗得西亚锥虫和布氏冈比亚锥虫，大多经由舌蝇吸食人类血液而进入人体，之后随着血液循环，散播到身体各处。若锥虫侵入的大脑，将会引起人类患上昏睡症。一旦祸及中枢神经系统，便使人类置身于频临死亡的绝境。

当然，在情况极度恶化之前，还是有办法可以克制锥虫的。但由于它们在血液中活动，进行药物治疗对人体本身的伤害也很大。最初用于治疗昏睡症的药物中含有砷的化合物，而砷是一种具有剧毒的化学元素。

- 防止锥虫感染最直接的办法就是远离舌蝇，在室内使用一些杀虫药剂。
- 如果家中有小孩或孕妇，应尽量采取无毒的驱除措施，比如：使用灭蚊灯、悬挂蚊帐或拉上纱窗等。
- 蚊香点燃后，需要两小时才能均匀地散发在房间中，因此，应在睡前两小时就做好准备。

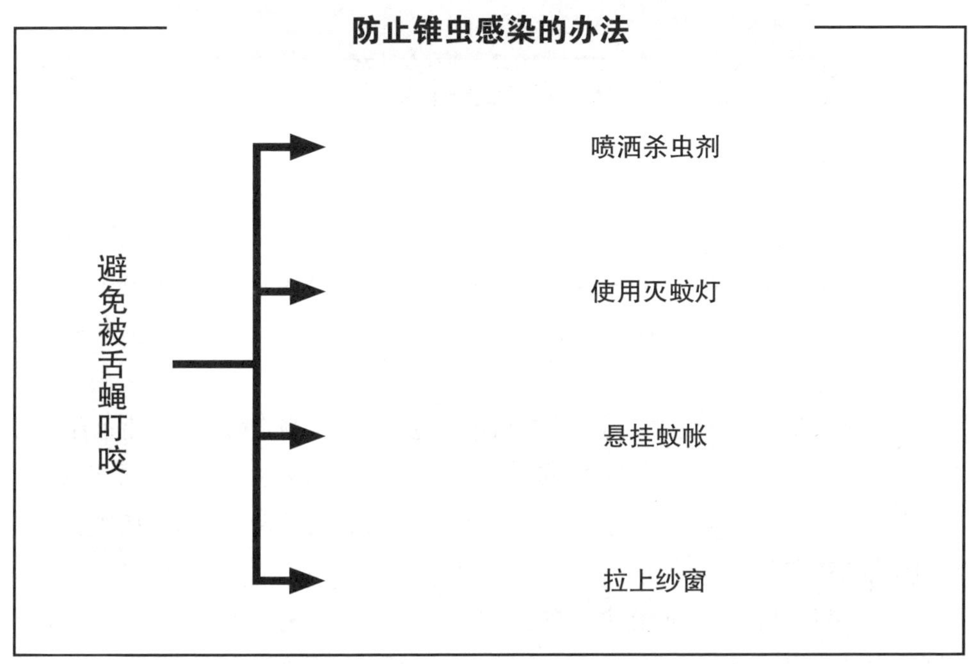
防止锥虫感染的办法
避免被舌蝇叮咬
喷洒杀虫剂
使用灭蚊灯
悬挂蚊帐
拉上纱窗

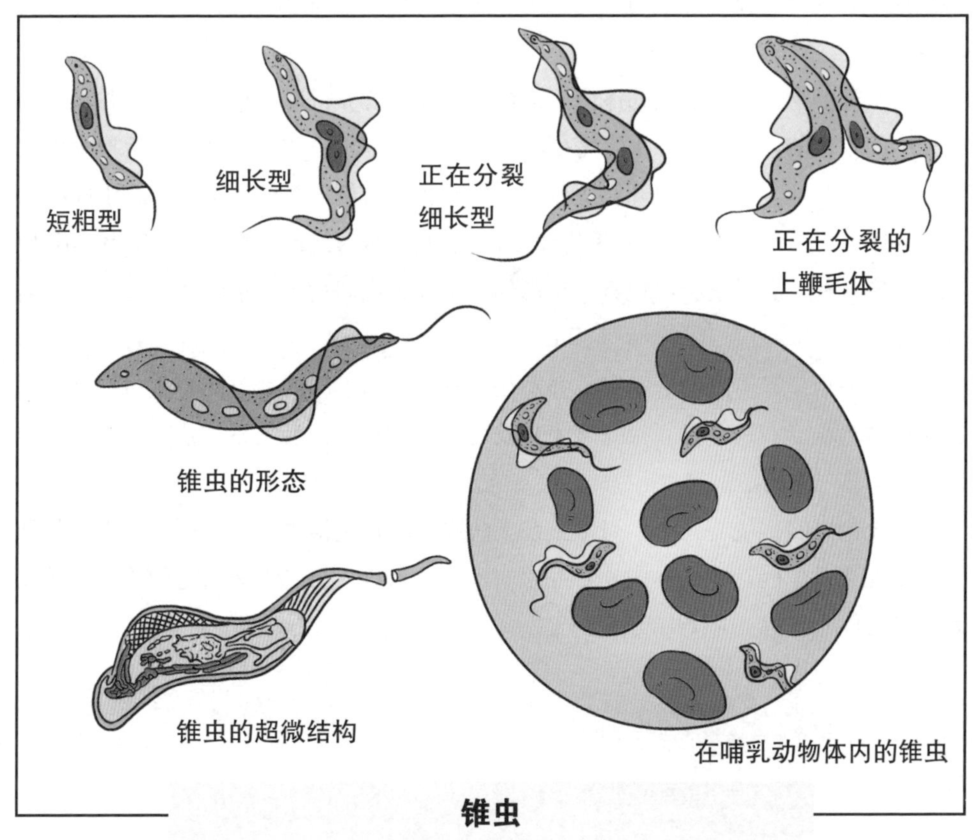
短粗型
细长型
正在分裂
细长型
正在分裂的
上鞭毛体
锥虫的形态
锥虫的超微结构
在哺乳动物体内的锥虫
锥虫

专题 22：中间宿主与终宿主有什么区别

在本书寄生虫小档案的章节中，经常会出现“中间宿主”与“终宿主”两个不同的词汇。但究竟这两者之间有何不同，为什么可以将其区分开来？在分析“中间宿主”与“终宿主”的区别之前，首先必须搞清楚“宿主”的概念，才能顺藤摸瓜找到答案。

宿主指的是：为寄生物（寄生虫与病毒都包含于寄生物之列）提供生存环境的生物，可细分为中间宿主与终宿主。其中，寄生物在尚未发育为成虫或无性繁殖阶段，所寄生的物种，被称为中间宿主。而寄生物在成虫或是有性繁殖阶段，所寄生的物种则被称为终宿主。

由此可以看出，“中间宿主”与“终宿主”最大的区别就在于：寄生物能不能够在其体内发育为成虫并繁殖，完成种族延续的任务。而这一点，只有终宿主可以满足。

虽然寄生物在中间宿主的体内，同样可以吸取营养得以生存，但它们并不会选择在中间宿主的体内度过一生。寄生物只是将中间宿主当作中转站，之后换乘到终宿主这一目的地。以本章节开篇提到的日本吸血虫为例，其的幼虫起初在中间宿主钉螺的体内的发育，之后以钉螺为传播媒介，将自己带入终宿主人类的身体中。不过，凡事都有例外，有时也会出现寄生虫的幼虫不经过中间宿主，直接达到终宿主体内的情况。

补充一点，寄生虫的中间宿主并不是只有一个，不同的种类的寄生虫，其中间宿主的数量也会有所差异。根据寄生虫发育阶段的时间前后关系，依次称为第一中间宿主、第二中间宿主等。

但无论中间宿主有几个，寄生虫都无法在中间宿主体内发育为成虫。它们的幼虫需要在第一中间宿主的体内发育一段时间，之后进入第二中间宿主的体内继续发育，最后侵入终宿主的体内发育为成虫。

中间宿主和终宿主的差异

宿主（为寄生物提供生存环境的生物）

中间宿主：
寄生物在尚未发育为成虫或无性繁殖阶段，所寄生的物种
例如：钉螺是血吸虫的中间宿主

终宿主：
寄生物在成虫或是有性繁殖阶段，所寄生的物种
例如：人类是血吸虫的终宿主

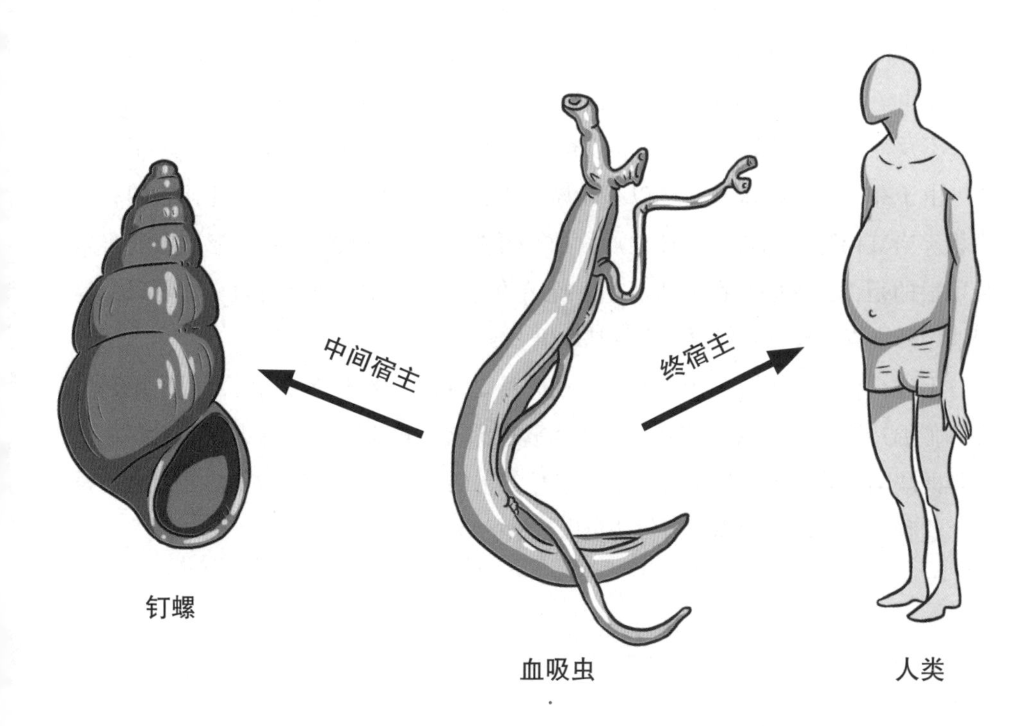

059 潜伏在胃里的钻孔机——异尖线虫

小档案

中文学名： 异尖线虫

身份信息： 动物界 线虫动物门 胞管肾纲 蛔目

感染途径： 生吃深海鱼片

感染症状： 剧烈腹痛、呕吐、过敏等

宿主构成： 主要为鳕鱼、三文鱼、鲭鱼、乌贼等深海鱼类以及海洋哺乳动物（人类也可能被其寄生）

分布海域： 主要为太平洋、大西洋、北海等

寄生部位： 大多附于宿主的胃部或肠道黏膜上

在全球经济政治交流日益频繁的大背景下，各国的美食文化也在相互融合。如今，越来越多的中国人被外国美食所吸引，大量的西餐厅、料理店成为了人们经常光顾的场所。牛排、咖啡、三明治、寿司等都是备受中国人喜爱的食物，对了，差点忘记还有生鱼片。

目前，用于制作生鱼片的鱼类大多为深海鱼类，因为高浓度的盐水可以杀死部分寄生虫的虫卵，比起淡水鱼更为安全卫生。在中国，最受欢迎的莫过于用三文鱼制成的生鱼片了。中国的传统美食往往讲究食材的新鲜。所以人们在购买三文鱼之后，会迫不及待地将其片好，蘸上酱油或芥末就直接下肚，以求尝到最鲜嫩的口感。

由于高浓度的盐水并不足以杀死异尖线虫，因此以上做法很可能让它们有可乘之机。当其伴随鱼肉进入人体之后，随时可能发起“进攻”，让人感到腹痛难忍。最可恨的是，这种驻扎在人体消化系统中的寄生虫，暂时没有特效药物可以治疗，只能用纤维胃镜检查并通过手术将其取出。

不过，想要消灭鱼肉中的异尖线虫并不是件困难的事情，通常可以采用高温烹煮和低温冷冻两种方式。前者是将鱼肉放进沸水中烫至完全熟透即可，但存在口感欠佳的缺陷。后者则是将鱼肉放置在零下25℃的低温中，持续冷冻15小时之后再食用。这种方式可以更大程度地保持鱼肉鲜嫩的口感。

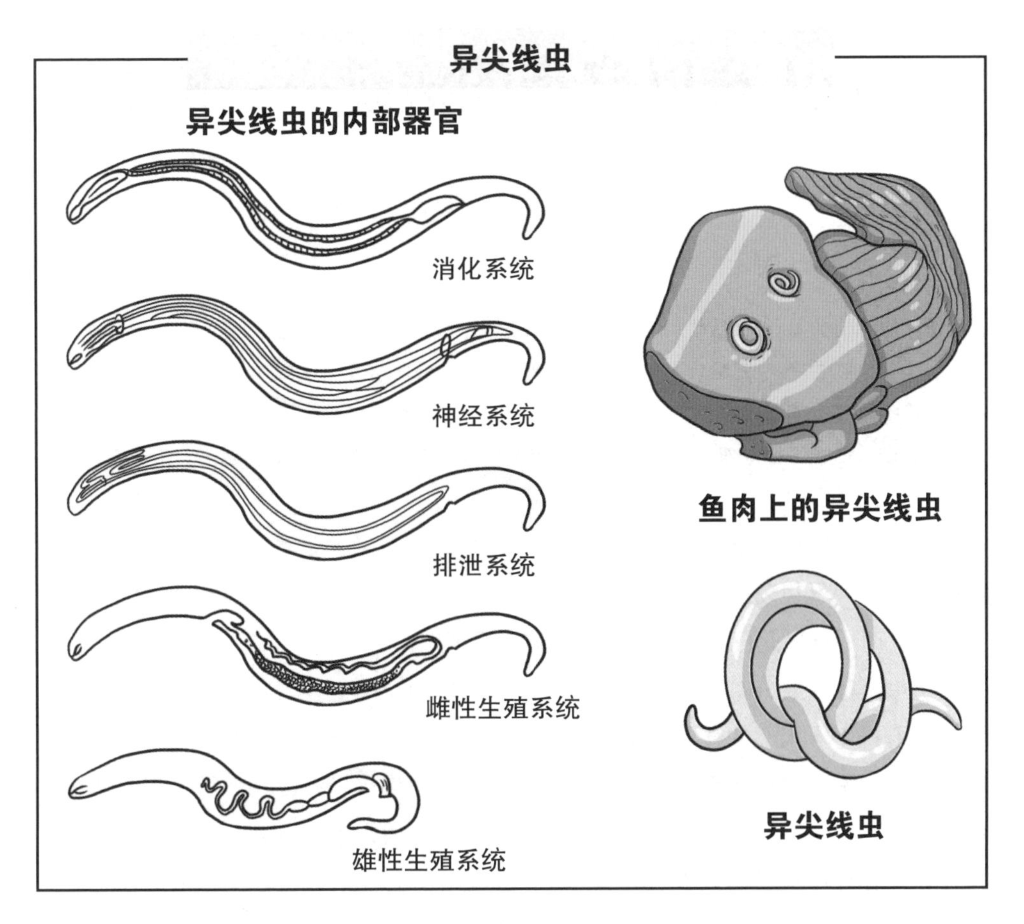

生吃深海鱼片会可能会带来怎样的不良后果

异尖线虫主要寄生于各种深海鱼类 → 生吃未经处理的深海鱼片 → 感染异尖线虫 → 异尖线虫附于胃部或肠道黏膜上 → 引起剧烈腹痛、呕吐、过敏等症状

060 令人难以启齿的痛楚——蛲虫

小档案

中文学名：	蛲虫	**身体长度：**	雌性成虫 8~13 毫米 雄性成虫 2~5 毫米
身份信息：	动物界 线虫动物门 胞管肾纲 尖尾目	**感染症状：**	营养不良、失眠、磨牙、 腹痛以及呕吐等
引发疾病：	蛲虫病		
分布区域：	呈世界性分布	**宿主构成：**	人类（其成虫只能在人体中存活）

如果在大庭广众之下，突然感到臀部异常瘙痒，一定会非常尴尬。若是瘙痒时间短暂，忍一忍也就过去了。可惜有时偏偏不能如愿，非要逼得你“动手”才能得到解脱。而一旦如此行事，蛲虫的奸计就得逞了！

蛲虫是世界上分布最广的寄生虫之一，全球约有两亿多人感染了该种寄生虫。它们主要寄生于人类的盲肠之中，雌性成虫在准备产卵前会趁人熟睡之时潜至肛门口，在肛门附近产出成千上万颗卵，引起该部位瘙痒难忍，使人不得不用手抓挠以缓解症状。在人们挠痒的过程中，虫卵很有可能被嵌入了指甲缝。若不及时清理，便会让虫卵再度被送回人类的口腔之中，最终在人体中孵化，形成生命的循环。蛲虫之所以选择在夜间“作案”，是因为人类在进入深度睡眠的状态下，“把守”肛门的括约肌比较“松懈”，非常有利于它们展开行动。

幸好这种寄生虫还不算棘手，口服的驱虫药就能够有效将其驱除。值得一提的是，检查该寄生虫的方式颇为有趣，患者在早晨起床后，需要用特殊的胶带粘贴肛门周围的皮肤上，之后揭下来放在显微镜下观察，通过有无虫卵进行确诊。由蛲虫引发的蛲虫病，多发于 5~14 岁的孩童。因此，很多诸如勤剪指甲、勤洗手等标语，被明确地记录在小学生的教科书中。

预防蛲虫最简单办法就是勤洗手，洗手的时候尽量使用流水冲洗，并加入洗手液搓揉，手心、手背、指甲缝、虎口、手腕等位置应当重点清洗。

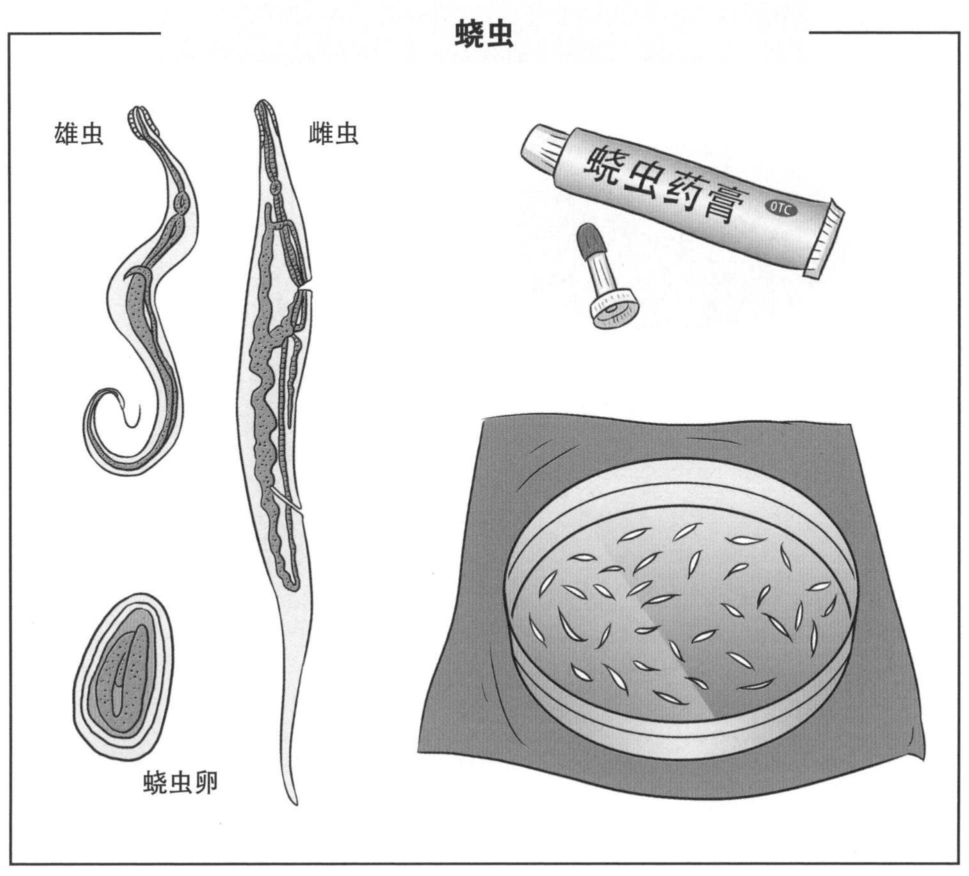
蛲虫
雄虫
雌虫
蛲虫药膏
OTC
蛲虫卵

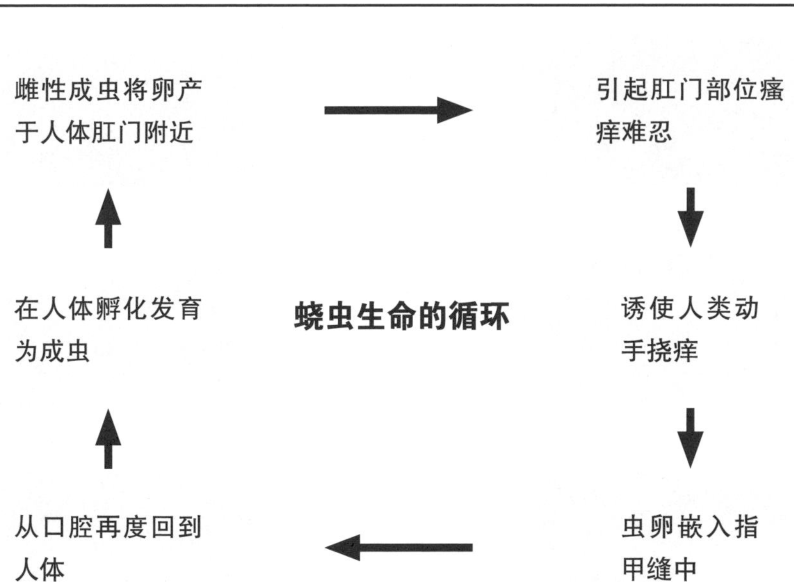
雌性成虫将卵产于人体肛门附近
引起肛门部位瘙痒难忍
诱使人类动手挠痒
虫卵嵌入指甲缝中
从口腔再度回到人体
在人体孵化发育为成虫
蛲虫生命的循环